重塑经济和逆转全球变暖气候变化之路

——氢经济动力学分析

束国刚　张　华　米文真　著

上海大学出版社
·上海·

图书在版编目(CIP)数据

重塑经济和逆转全球变暖气候变化之路：氢经济动力学分析/束国刚,张华,米文真著.—上海：上海大学出版社，2021.5
ISBN 978-7-5671-4212-1

Ⅰ.①重… Ⅱ.①束… ②张… ③米… Ⅲ.①氢能-能源经济-经济动力学 Ⅳ.①TK91

中国版本图书馆 CIP 数据核字（2021）第 089077 号

责任编辑　王悦生
封面设计　柯国富
技术编辑　金　鑫　钱宇坤

重塑经济和逆转全球变暖气候变化之路
——氢经济动力学分析
束国刚　张　华　米文真　著
上海大学出版社出版发行
（上海市上大路99号　邮政编码200444）
（http://www.shupress.cn　发行热线021-66135112）
出版人　戴骏豪

＊

南京展望文化发展有限公司排版
上海华业装潢印刷厂有限公司印刷　各地新华书店经销
开本710mm×1000mm　1/16　印张12.25　字数164千
2021年5月第1版　2021年5月第1次印刷
ISBN 978-7-5671-4212-1/TK·4　定价　88.00元

版权所有　侵权必究
如发现本书有印装质量问题请与印刷厂质量科联系
联系电话：021-57602918

前言

氢气（H_2）在能源、交通、材料和农业等经济领域都起到关键作用，即使在某些领域的应用还很少，未来这种情况也一定会改变，因为我们认为氢能是经济脱碳的关键路径。

本书对氢气和二氧化碳（CO_2）下游产品的相关技术、设备和工艺的现状进行了广泛的回顾与分析。本书在专业的技术经济分析模型基础上，进一步评估了不同的氢气生产方式对其下游产品的经济和环境的影响，并从技术、经济和环境三个方面探讨了这些生产方式的优缺点，然后据此进行了排序。此外，在评估不同产品路径的气候解决方案过程时，其对社会的冲击也作为一个因素被加入其中。

本书的宗旨是试图找到经济脱碳的最佳途径。也就是说，经济脱碳要从哪里开始，经历怎样的过程，我们才能摆脱数千年来一直推动着我们文明进步的化石燃料！这不仅需要考虑技术的可靠性、经济的可行性，还要在不发生社会冲击的前提下进行。更重要的是，通过可再生的氢经济实现可持续的发展，人类社会可以更环保、更节能、更健康。人类社会只要在未来的 5～10 年内，让经济加速向氢经济过渡，就能大幅减少排放，使得二氧化碳在大气中含量减少，最终可以在本世纪末实现气候的逆向转变，全球气温将踏上向正常温度回归的道路。

世界上有如此多的问题等待解决，如能源的使用效率、减少排放、电力需求增长等，它们交织在一起，来自可再生能源的氢气似乎是解决这些问题的"钥匙"，一把能打开一扇通向清洁美好世界大门的"钥匙"。

技术经济分析和环境影响评估都是基于工业规模经济的数据，至少是基于中试规模商业项目的数据。因此，本书所提出的气候问题解决方案并不取决于是否有重大的科学与技术的突破。有鉴于此，本书提出了一个重要的论点：

> 如果各国政府可以在激励政策上给予大力支持，设置适度的碳排放课税，投入大量的研发资金，再加上商业银行和企业的大规模投资，逆转全球变暖的气候目标是可以实现的，而并不需要依赖重大的科学与技术的突破，或者未经验证的地球工程方法。也就是说，实现逆转全球变暖的气候目标所采用的技术，都可以建立在现有技术的基础上。当然，这些技术的成熟和完善需要一个过程路径，才能使之发展壮大，提高经济竞争力，这正是本书所想阐述清楚的路径问题，就是走向"氢经济"的路径。

要实现"氢经济"，并不需要我们进行社会革命，改变当前的分配制度。它所需要的仅仅是设计并制定合理的国家相关政策，能够刺激可再生能源和氢能源迅速发展的政策，特别是那些经过实践证明是行之有效的环保方面的政策。

现今，国际上已开展的通过碳捕集进行经济脱碳的方式是非常复杂的，更是困难重重的，客观上也是难以实现的。只有在经济上除去有碳的"基因"，让"可再生能源+氢气"成为经济的主流，这种"氢经济"路径清晰明了、优美可行，最关键的是可以实现经济与社会的可持续发展，实现逆转全球变暖的气候趋势。

本书围绕如何启动"氢经济"展开描述，依据专业的技术经济分析和环境影响评估所得出的结论是：

> 要大力支持燃氢燃气轮机技术的发展，因为它可以让"氢经济"

相关产业大规模地快速增长,进而引领能源结构革命,打造无碳经济的基因,实现全球变暖的逆转。

为了逆转全球变暖就需要在全球范围内激励可再生能源(包括氢能)的发展,本书在第6章中,基于简化的气候模型和氢燃料的激励影响分析,粗略地估算了世界各国政府所需的花费。

到本世纪中叶,扭转气候变化,将全球气温上升控制在1.5℃左右,每年世界各国政府,主要是工业国家,需要花费约5 450[①]亿美元进行政策激励,约占全球GDP的0.5%。

本书提出的气候解决方案,运用了大量的技术和商业化运营的数据、信息,并用专业的技术经济模型进行了仿真计算,最终形成了解决气候问题的路径(图0-1)。

本书所提出的气候问题解决方案**不需要**:
- 等待未来重大的科学与技术的突破;
- 未验证过的地球工程方法;
- 改变当前世界各国的社会分配制度。

但是,本书提出的气候问题解决方案**需要**:
- 各国政府基于本国国情的政策激励、税收杠杆和经费支持;
- 人们向往更健康、更清洁和可持续发展的文明的集体意志。

---

① 数据来源基于美国联邦和地方政府的激励政策和相应的技术经济分析,具体参见第6章。

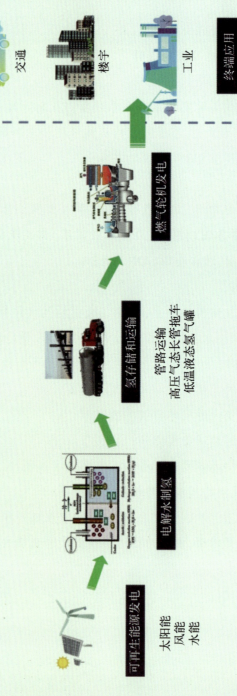

图0-1 氢经济循环/电-氢-电的能源解决方案

内容摘要

解决二氧化碳问题

基于目前的科技和文明,能源使用的脱碳"路线图",很可能要通过氢分子来实现。我们对氢气并不陌生,许多工业所需的能源来自碳氢化合物,有些工厂的主要生产原料也可能是氢气。在努力解决二氧化碳(CO_2)排放问题时,一个做法是将其转化为下游产品,而不是将其排放到大气中去,避免产生温室效应导致全球变暖。但目前,二氧化碳还没有开发出大规模的应用场景,主要还是用于注入油田来提高原油产量(Enhanced Oil Recovery, EOR),而EOR对减少大气中的二氧化碳浓度没有太大的帮助。然而,当考虑其他更有意义的二氧化碳下游产品时,无论是生产甲醇/乙醇、塑料或化肥,都需要氢作为主要原料。从本质上说,二氧化碳本身没有什么价值,在下游产品中,只是有了氢,才有价值,因为氢是真正的能源载体。所以能源的二氧化碳问题的解决方案要从氢开始。

本书的宗旨是探讨人类社会实现能源脱碳的可行路径,评估这些可行路径在经济、环境和社会方面的表现,并比较它们的优缺点。同时,对可行的解决方案,按照技术经济分析和环境影响评估的结果来进行定量排序。本书的下半部分主要是具体案例的分析和讨论,证明氢气远程运输的经济性和氢燃料电池运输工具在经济上的可行性。最后,主要以燃氢燃气轮机发电为契机,讨论了如何全面启动氢经济的良性循环,进而实现螺旋式的快速增长。

模　型

在技术层面，主要有三个需要重点关注的领域，即氢生产、碳捕集以及下游产品，如可降解材料和可再生燃料。

氢可以从化石燃料、生物质或电解水中得到。受限于篇幅，本书只讨论了甲烷制氢和电解水制氢，并简单地介绍未来的制氢技术。重点关注制氢工厂的生产工艺以及其经济、环境方面的性能，以下是本书所分析的制氢系统的7种生产方式：

（1）燃气轮机为电解水制氢提供电力；

（2）燃料电池为电解水制氢提供电力；

（3）在风能资源平均水平的地区，仅使用可再生风能开展电解水制氢；

（4）风力资源丰富的地区，仅使用可再生风能开展电解水制氢；

（5）燃气轮机电厂提供电力需求，而蒸汽甲烷重整（SMR）则用于生产氢气；

（6）燃气轮机为电解提供电力以产生氢和氧。电解后的氧气供给SMR系统进行氧燃烧，为其反应器提供热能；

（7）燃气轮机为工艺装置、碳捕集系统和液化氢系统提供电力。氢气由甲烷裂解生产。

以上大多数包括了燃气轮机或燃料电池发电系统、液化氢系统、二氧化碳捕集系统，以及二氧化碳压缩系统和地下封存系统等。在第3种和第4种生产方式中，只考虑电解水制氢，所有液化氢所需的电力都假定来自可再生风能资源。在这两种情形下，因为不涉及二氧化碳的捕集，没有必要设置二氧化碳的捕集和压缩系统。这两种场景作为制氢的理想方案，本书对此也进行了详细研究。需要指出的是，这两种方案目前还没有真正的商业案例，但是现在国内已经有相关的开发计划和试点实施的报道。

为了准确地评估各种方案的优劣，使用了如下的性能评价指标：

- 单位天然气的产氢量；
- 氢产量的单位二氧化碳排放；
- 单位资本投入的产氢量；
- 液态氢的单位碳排放量全生命周期分析；
- 液态氢作为燃料销售的情况下，包括利润率和资本收益率等经济指标；
- 投资对环境的影响，二氧化碳减排量[吨/(年·美元)]。

收入来源以美国相关政策情况为例，包括产品和工艺的副产品（用于EOR的二氧化碳、蛋白质以及氧气）的销售，加州低碳燃料标准（LCFS）和联邦政府可再生燃料（RIN）的补贴，以及联邦政府45Q政策中与二氧化碳排放相关的补贴。

通过尽职调查输入数据和一些假设（详见正文），基于模型分析，相关的比较结果如表0-1所示。

不出所料，环境表现最好的是用可再生能源提供电能的电解设备来制氢的案例。但出乎意料的是，所有可再生氢（绿氢）都有很好的经济表现，特别是当可再生能源价格便宜时。在所有涉及化石燃料的案例中，使用氧燃烧的蒸汽甲烷重整（SMR）是相当不错的。值得注意的是，相比燃气轮机驱动电解水装置，SMR是更好的低碳排放制氢方法。但如果我们用甲烷生产氢气，最好的技术是甲烷裂解，就像表0-1中的方法7一样。然而，这种技术还处于试验阶段，目前还没有商业应用。

产品路径

以氢和二氧化碳为原料，我们可以生产下游产品，如材料（塑料）、可再生燃料或农业化肥。以下是本书中考虑的下游产品列表。

表0-1 带二氧化碳捕集和存储的氢气生产方式及其相应的经济评估指标

序号	方法	H₂产量（吨/年）	资本支出（百万美元）	氢气/天然气（吨/吨）	二氧化碳/氢气（吨/吨）	单位H₂资本支出[美元/(吨·年)]	单位H₂的CO_2排放强度（g CO_2/MJ）	营业收益（百万美元）	资本收益率（%）	CO_2减排量[吨/(年·百万美元支出)]
1	燃气轮机+Inventys二氧化碳捕集+电解	22 664.4	445	0.104	32.7	19 634	109	38.5	9.1	−116
2	燃料电池+Inventys二氧化碳捕集+电解	22 664.4	734	0.125	27.3	32 386	89	40.3	5.8	4
3	所有可再生能源电解，0.05美元/kWh	22 664.4	130	NA	0.4	5 736	3.3	83.3	77.5	1 816
4	所有可再生能源电解，0.02美元/kWh	22 664.4	130	NA	0.4	5 736	3.3	149	136	1 816
5	燃气轮机+Inventys二氧化碳捕集+蒸汽甲烷重整（SMR）	22 664.4	214	0.29	11.7	9 442	48.5	131.8	62	528
6	燃气轮机+Inventys二氧化碳捕集+燃气蒸汽重整+电解	25 497.5	272	0.254	15.9	10 668	30	176.7	65.8	675
7	燃气轮机+Inventys二氧化碳捕集+甲烷裂解	22 664.4	182	0.19	3.5	8 030	29.7	216.1	119.6	897

- 高性能塑料（PHA），不考虑 EOR；
- 采用可再生原料的塑料；
- 液氢（灰氢），考虑 EOR；
- 来自所有可再生能源的液态氢（绿氢）；
- 氨水，不考虑 EOR；
- 乙醇，不考虑 EOR；
- 可再生能源制甲醇/乙醇。

在案例研究中，还包括一种情况：不需要从点源捕集二氧化碳。没有二氧化碳的点源，捕集二氧化碳额外所需的热能也得来自可再生能源。在这种情况下，合成甲醇、乙醇和氨/尿素所需的二氧化碳要直接从空气中捕集（DAC），可再生能源假定来自风能。

下游产品的性能评价指标

经济性指标：
- 营运利润率；
- 资本收益率。

环保性指标：
- 全生命周期单位碳排放量分析（如果产品与燃料相关）；
- 单位资本投资二氧化碳每年的减排量（根据LCFS定义的单位能量的碳排放量计算）；
- 单位资本投资能每年做到二氧化碳捕集并进行地下储存的总量。

收入来源还包括一些地方和联邦激励措施，包括LCFS、RIN、Q45税收减免政策。还进一步假定，从电解水工艺中产生的氧气副产品和从生物工程过程产生的蛋白质副产品是有价值的。

通过大量的调查和研究，收集到相关的来自实际商业运行的数据，加上一些假设（详见正文），评价结果如表0-2所示。不出所料，绿氢作为燃

表0-2 产品路径及经济评估指标

经济评估指标 / 产品路径	产品(吨/年)	资本支出(百万美元)	单位资本支出[美元/(吨•每年)]	单位能量生产的碳排放量(g CO_2/MJ)	净CO_2封存[吨CO_2/(年•吨产品)]	CO_2减排量[吨/(年•百万美元支出)]	营业收益(百万美元)	资本收益率(%)
所有可再生能源电解,0.02美元/kWh	22 664	130	5 736	3.3		1 816	149	136
燃气轮机+Inventys二氧化碳捕集+燃氧蒸汽甲烷重整+电解	25 497.5	272	10 668	30		675	176.7	65.8
乙醛、兰扎科技(LanzaTech)、燃氧蒸汽甲烷重整	115 898	258.1	2 227	71.2		258	50.7	19.6
乙醛、兰扎科技、风能+直接空气捕集,0.02美元/kWh	6 323	50	7 908	−70		244	8.4	17
生物降解塑料、新光公司(Newlight),+直接空气捕集,0.02美元/kWh	12 911	189	14 639	NA	−0.63		28	14.7
生物降解塑料、新光公司、风能+直接空气捕集,0.02美元/kWh	12 911	206	15 955	NA	8		27	13.5
生物降解塑料、新光公司、燃氧蒸汽甲烷重整	16 159	230	14 234	NA	−0.86		66	28.8
乙醛、风能+直接空气捕集,0.06美元/kWh	78 625	246.2	3 131	34.8		351	46.5	18.9
乙醛、风能+购买CO_2,0.06美元/kWh	78 625	204	2 595	−62		1 165	45.2	22.1
乙醛、风能+直接空气捕集,0.02美元/kWh	8 600	47	5 465	−62		548	4.5	9.6
氨(尿素),风能+直接空气捕集,0.02美元/kWh	9 330	33.4	3 580	−61		781	7.5	22.5
氨(尿素),燃氧蒸汽甲烷重整	144 650	226.2	1 564	42.1		569	67.7	29.9

料在所有的二氧化碳下游产品中表现最好。当然,氢严格地说不是二氧化碳的下游产品,但可以作为燃料替代品,这样的比较是有意义的。

除此之外,生产甲醇的可再生解决方案在所有的产品路径中表现最好,部分原因是加州低碳燃料标准(LCFS)和美国环保局可再生燃料标准(RFS)下的联邦可再生燃料激励(RIN)带来的负的单位能量碳排放量(CI)为$-60\ g\ CO_2/MJ$的收益。另一方面,即使没有显著的二氧化碳相关的补贴,Newlight公司的PHA表现也非常好。在PHA生产中,电解水作为氢原料优于SMR,因为可再生能源来自美国中西部风力发电场的剩余风电。

以上的一些分析结果是基于大批量生产的假设。在一个小规模的中试项目中,这些结果可能是不准确的。然而,对于比较技术与产品不同的生产方式在经济、环境保护方面的表现,它是很好的参考。

经济和社会成本

在这方面的分析中,我们试图量化脱碳产品路径及其经济性指标在保留现有的基础设施和就业机会方面情况。但研究发现,社会成本方面的最优解决方案与环境表现最优的解决方案并不完全一致。最终,必须综合考虑,作出艰难的选择。

在对经济脱碳的氢生产和产品路径进行经济、政治分析之外,本书还评估了政府可再生能源激励措施的影响,比较了不同的激励措施对环境影响的效果,特别是单位美元的二氧化碳减排成本。研究发现,设计到位的LCFS在运输行业是减少二氧化碳排放的最有效激励措施。联邦可再生电力生产税收抵免也有很好的环保效果。然而,其他联邦激励措施,如RIN和45Q,在减少二氧化碳排放方面效果要差得多。

在本书的内容中,还基于简化的气候模型和当前可再生能源激励的影响分析,计算了需要政府支出的减排成本。要扭转气候变化的趋势,让

二氧化碳浓度开始下降,就需要从现在直到本世纪中叶,控制二氧化碳排放以每年6.2%的速度下降。总结如下:

> 到本世纪中叶,为扭转气候变化,将全球气温上升控制在1.5℃左右,每年需要世界各国政府,主要是工业国家,花费约5 450亿美元,约占全球GDP的0.5%。

电－氢－电能源模式

在分析了技术、经济和社会因素后,本书探索了氢经济的动力学问题,讨论了在交通和发电领域的脱碳方案,在此基础上研究了如何通过燃氢燃气轮机来启动氢经济的方法。论证了通过电-氢-电的能源模式,加速燃氢燃气轮机技术的发展以推动氢经济大规模增长的可能性和可行性。当绿氢能够实现大规模在发电领域的应用,形成规模化的效应后,则可以同时推动燃料电池汽车在交通领域的发展,以及氢能在其他工业领域的应用。

最终引领能源结构的革命,打造无碳经济的"基因",实现全球变暖的逆转!

说明:本书的研究包括了一些比较前沿的技术,主要的技术经济分析的数据来自国外,部分内容的实例部分以美国为背景,相关说明,参见第1.4节。

目 录

第 1 章　技术经济模型概述

1.1　氢技术的指标 …………………………………………………… 2
1.2　固碳产品的指标 ………………………………………………… 3
1.3　固碳产品的评估方法 …………………………………………… 3
1.4　经济模型的一些输入数据说明 ………………………………… 5
　　1.4.1　美国联邦和地方政府的可再生能源激励政策 ……… 5
　　1.4.2　中国的可再生能源激励政策 ………………………… 7
　　1.4.3　其他相关数据 ………………………………………… 9

第 2 章　氢经济相关的技术概述

2.1　化石燃料制氢 …………………………………………………… 10
　　2.1.1　蒸汽甲烷重整（SMR） ………………………………… 10
　　2.1.2　纯氧蒸汽甲烷重整法（Oxy-SMR）…………………… 13
　　2.1.3　甲烷裂解 ……………………………………………… 14
2.2　新兴技术制氢 …………………………………………………… 17
　　2.2.1　电解水技术 …………………………………………… 18
　　2.2.2　微生物产氢 …………………………………………… 21
　　2.2.3　人工光合作用 ………………………………………… 22
2.3　氢运输成本及比较 ……………………………………………… 23
　　2.3.1　氢储存的形式 ………………………………………… 23

2.3.2　氢运输的手段 …………………………………… 24
2.4　由二氧化碳和氢制造可生物降解塑料 ………………………… 26
2.4.1　通过生物催化剂合成PHA（聚羟基烷酸酯）………… 27
2.4.2　聚羟基烷酸酯（PHA）生产概述 ……………………… 28
2.5　可再生燃料技术 …………………………………………………… 30
2.5.1　费-托法（FTP）………………………………………… 31
2.5.2　气体发酵——Wood-Ljungdahl路径 ………………… 33
2.6　其他与二氧化碳有关的产品 …………………………………… 35
2.6.1　氨（NH_3）和尿素 ……………………………………… 35
2.6.2　钢铁生产 ………………………………………………… 38
2.6.3　水泥生产 ………………………………………………… 39

第3章　制氢经济学

3.1　碳捕集的经济性分析 …………………………………………… 42
3.1.1　空气直接捕集（DAC）和点源碳捕集简介 ………… 42
3.1.2　经济分析 ………………………………………………… 44
3.2　不同制氢生产工艺的评估 ……………………………………… 47
3.2.1　评估方法 ………………………………………………… 47
3.2.2　燃气轮机、二氧化碳点源碳捕集和电解水制氢 …… 48
3.2.3　发电用燃料电池、点源二氧化碳捕集和电解水制氢
　　　　………………………………………………………… 49
3.2.4　可再生能源的电解水系统 ……………………………… 51
3.2.5　蒸汽甲烷重整（SMR）制氢和Inventys公司的
　　　　二氧化碳捕集系统 ……………………………………… 52
3.2.6　电解制氧制氢、纯氧蒸汽甲烷重整制氢、Inventys
　　　　公司的燃气轮机排气二氧化碳捕集系统 …………… 53

3.2.7 用 Inventys 公司的系统从燃气轮机排气中捕集二氧化碳和用甲烷裂解制氢 ………… 53
3.3 制氢经济性的探讨 …………………………………………… 54
 3.3.1 表现最差的技术方式 ……………………………………… 54
 3.3.2 甲烷制氢 …………………………………………………… 56
 3.3.3 用于电解水的可再生能源 ………………………………… 56

第 4 章　固碳产品的经济性和环保表现

4.1 下游产品的生产工艺与假设 ………………………………… 60
 4.1.1 Newlight 公司的生物降解塑料 …………………………… 60
 4.1.2 可再生乙醇 ………………………………………………… 64
 4.1.3 从二氧化碳到甲烷 ………………………………………… 66
 4.1.4 氨和化肥 …………………………………………………… 69
4.2 经济性讨论 …………………………………………………… 72
 4.2.1 可再生氢燃料 ……………………………………………… 72
 4.2.2 可降解的塑料 ……………………………………………… 74
 4.2.3 可再生乙醇和甲醇 ………………………………………… 75
 4.2.4 氨（尿素） ………………………………………………… 78
4.3 产品路径的环境影响比较 …………………………………… 78

第 5 章　运送低价可再生能源到异地的经济性分析

5.1 研究概述 ……………………………………………………… 83
5.2 异地能源 ……………………………………………………… 84
5.3 假设条件与模型 ……………………………………………… 85
5.4 结果与讨论 …………………………………………………… 88
 5.4.1 结果 ………………………………………………………… 88
 5.4.2 讨论 ………………………………………………………… 93

第 6 章　能源结构转型的社会成本

　　6.1　扭转气候变化需要的资金 …………………………………… 96
　　6.2　对电力的影响 ………………………………………………… 98
　　6.3　对交通行业的影响 …………………………………………… 103
　　6.4　对工业行业的影响 …………………………………………… 104

第 7 章　氢经济动力学

　　7.1　启动氢经济 …………………………………………………… 105
　　7.2　非线性发展理论 ……………………………………………… 105
　　　　7.2.1　牛顿第二定律 ………………………………………… 105
　　　　7.2.2　光伏太阳能产业 ……………………………………… 107
　　　　7.2.3　价格与规模的关系 …………………………………… 107
　　7.3　氢燃料电动汽车 ……………………………………………… 108
　　　　7.3.1　里程杠杆成本（LCOM） …………………………… 109
　　　　7.3.2　经济分析 ……………………………………………… 109
　　　　7.3.3　动力学分析 …………………………………………… 111
　　7.4　燃氢燃气轮机发电 …………………………………………… 112
　　　　7.4.1　燃氢燃气轮机的脱碳优势 …………………………… 112
　　　　7.4.2　利用现有的天然气基础设施 ………………………… 115
　　　　7.4.3　改造现有的燃气轮机系统 …………………………… 115
　　　　7.4.4　氢气燃烧 ……………………………………………… 116
　　　　7.4.5　改造现有的燃机 ……………………………………… 122
　　　　7.4.6　燃气轮机燃烧氢气的能力 …………………………… 126
　　　　7.4.7　与燃料电池发电的比较 ……………………………… 136
　　　　7.4.8　与传统发电技术的比较 ……………………………… 137
　　7.5　可持续脱碳经济的发展路径 ………………………………… 138

7.5.1　绿能大电网发展路径 …………………… 138
　　　7.5.2　绿色交通发展路径 ……………………… 140
　7.6　电-氢-电的市场的切入路径 ………………… 140
　7.7　电-氢-电产业发展的阻力 …………………… 141
　　　7.7.1　产业启动的困难 ………………………… 142
　　　7.7.2　产业转移和人力资源再培训的成本 …… 142

第8章　结束语

附　录

　A1　简化的气候模型 ………………………………… 146
　　　A1.1　历史气候数据 …………………………… 146
　　　A1.2　气候建模 ………………………………… 148
　　　A1.3　气候情景与气温上升 …………………… 151
　A2　氢能特点 ………………………………………… 153
　　　A2.1　氢气相对于天然气（NG）的物理特性 … 153
　　　A2.2　氢的特点和作为能量载体的优越性 …… 154
　　　A2.3　天然气和氢气在应用上的比较与关联 … 155
　A3　中国的可再生能源激励政策（氢能方面） …… 158
　　　A3.1　国家层面可再生能源激励政策 ………… 158
　　　A3.2　省级氢能领域相关政策 ………………… 163
　A4　缩略语 …………………………………………… 168

参考文献 ……………………………………………… 171

第1章

技术经济模型概述

自人类早期发展和进化以来，化石燃料的燃烧一直是人类文明发展的主要动力。随着世界人口的增长和社会现代化，燃烧后产生的二氧化碳过度地排放到大气中，导致全球变暖，这种影响开始变得越来越明显，已成为全球性问题。因此，国际社会开始组织起来（《巴黎协定》），希望能找到解决问题的办法。导致气候变化的原因十分清楚，也很容易理解，我们经济活动中化石燃料的燃烧是罪魁祸首。二氧化碳的减排是第一要务，是逆转气候变化的起点。在本书中建立了一个简化的气候模型，它证明了通过脱离对化石燃料的依赖可减少二氧化碳的排放，空气中的二氧化碳浓度就可以降低到安全的水平（详见附录A1）。

问题是，如何把我们的社会转变为基本没有煤、石油和天然气燃烧的经济体？近几十年来，科学技术的发展非常迅速，前所未有，知识的积累和技术进步的速度呈指数增长，例如航空航天技术、信息化技术、机器人技术、人工智能技术、生物工程技术等，各种技术大量增加，突飞猛进。更重要的是，我们学会了如何开发、集成技术并且创造新技术去实现我们的目标。可以说，经济脱碳的目标在技术上是可以实现的。技术有了，至少我们知道从哪里开始进行技术开发，而棘手的问题另在他处。例如，哪些是经济可行性最好且社会影响最小的脱碳经济解决方案？该怎样对它们进行相应的评估和排位？因此，实施最好的解决方案不仅要考虑它们的技术价值，而且也要考虑最小的社会影响。

在本研究中，试图建立脱碳经济解决方案的经济模型，然后讨论相关的技术和现有的可再生能源激励政策，并从经济性和环保性两方面，对解决方案进行了评价。在对脱碳路径评价的基础上，给出了我们的结论，并提出了建议。

本书的框架主要分为两个部分，分别是氢技术和下游产品，主要是固碳的产品，包括液体燃料、塑料和其他固体材料的经济模型分析和环保性能评估。第二部分内容是氢经济动力学，即如何通过燃氢燃气轮机来引领产业发展。本书还对长距离运送可再生能源的方案和经济性做了分析评估。另外，在能源结构调整的社会成本方面做了一些探索性的定性分析，以求找出对社会冲击最小的解决方案。

1.1 氢技术的指标

正如国际能源署（International Energy Agency，IEA）报告所指出的那样[1]，我们的经济脱碳路径大都是通过氢来实现的，因此首先讨论氢技术是合乎逻辑的。

此外，氢本身也是一种可运输的或直接用于发电的燃料。氢技术的性能指标如下：

（1）单位天然气产氢量；

（2）单位二氧化碳产氢量；

（3）单位能量生产的碳排放量（CI）。

这些可能不是直接的经济和环境指标，但它们是与经济和环境性能相关的过程能效指标。

了解更多关于氢能的基础知识，请参阅附录A2"氢能特点"。

1.2 固碳产品的指标

下游产品(固碳产品)的性能指标,取决于不同的技术生产方式,需要从经济和环境的角度进行评估。

1. 经济指标

(1) 营运利润率;

(2) 资本收益率。

2. 环境指标

(1) 单位能量生产的碳排放量(CI);

(2) 单位资本投资每年的二氧化碳减排量[吨/(年·单位资本投资)](这是根据单位能量生产的碳排放量计算的低碳燃烧标准,参考排量为 90 g CO_2/MJ);

(3) 单位资本投资能每年的二氧化碳捕集和地下储存量[吨/(年·单位资本投资)]。

1.3 固碳产品的评估方法

在本研究中,设置脱碳路径的场景包括一系列的要素。这里简要地列出了相关的要素,后续章节再详细展开。

1. 制氢的过程工艺

(1) 发电方法:燃气轮机、燃气发动机、燃料电池或蒸汽轮机;

(2) 制氢法:SMR 和水电解法;

(3) 二氧化碳捕集法:固体吸附剂(Inventys 和 Climeworks)以及其他常规溶剂法。

2. 下游产品的应用

（1）LanzaTech公司制乙醇；

（2）Newlight公司制塑料；

（3）哈伯-博施法（Haber-Bosch Process）制氨；

（4）氨和二氧化碳合成尿素；

（5）化学方法合成甲醇；

（6）运输用液化氢和特殊的电力市场；

（7）注入地下的二氧化碳，包括有EOR或者没有EOR。

3. 上游的生产方式

（1）燃气轮机+电解+碳捕集与封存（CCS）；

（2）燃气轮机+氧气SMR+电解+CCS；

（3）燃料电池+氧气SMR+电解+CCS；

（4）在风力资源一般的地方只使用可再生风能开展电解水；

（5）在风力资源极其丰富的地方只使用可再生风能开展电解水。

4. 评价参数

（1）单位天然气制氢量；

（2）单位制氢量的二氧化碳排放量；

（3）全过程能源效率。

5. 下游的生产方式

（1）不考虑EOR的塑料（PHA）；

（2）采用可再生原料的塑料；

（3）采用EOR的液氢（灰色）；

（4）来自所有可再生能源的液氢（绿色）；

（5）不考虑EOR的氨；

（6）不考虑EOR的乙醇；

（7）纯可再生能源甲醇/乙醇。

1.4 经济模型的一些输入数据说明

1.4.1 美国联邦和地方政府的可再生能源激励政策

1. 可再生燃料标识号（RIN）

可再生燃料标识号是每次生产一加仑可再生燃料（乙醇、生物柴油等）时产生的信用指标。政策规定，加油站必须在燃料供应中掺入一定量的人造的生物燃料。每批的生物燃料都有一个 RIN 标识号。根据生产的工艺和原料，可再生燃料标识号是不同的，有的标识号信用价值高些。根据政策，提供生物燃料的公司可以获得信用指标，即可再生燃料标识号（RIN）信用。通常是那些原则上不能自己提供生物燃料，但仍需要证明自己符合美国环保局制订的可再生燃料标准（RFS）的公司，需要购买信用指标。有了信用指标，他们就可以出售一定比例的化石燃料。基本上与碳交易的概念相似，但是该信用指标只应用于交通行业。

可再生燃料标识号政策的设计很复杂，此处不另行展开。它的出台和执行与美国的地方政治相关，不能很好地刺激生物燃料的发展。它的市场价格波动比较大，如果用废弃的生物质原料或用钢厂的高炉废气等生产燃料，每升最多时可以拿到 0.5 美元每升的补贴，少的时候则只有 0.1 美元每升。

2. 可再生电力生产性税收抵免（PTC）

PTC 是对使用合格的可再生能源发电的单位电量生产性税收抵免补贴。PTC 于 1992 年首次颁布，主要是用来刺激风力发电，它根据每年实际的发电量计算补贴的额度。但 PTC 并不涵盖光伏发电。PTC 首次颁布时，原计划于 1999 年 7 月 1 日到期，但自 1999 年以来，PTC 已经扩延了 11 次。有几次，PTC 被允许在追溯延长之前失效。除了延期之外，PTC 还随着时间的推移进行了扩展，以包括额外的合格资源。后来也扩展到其他可再生能源发电，如开环产业链生物质能、小型灌溉电力、城市固体废物发电、合格水电、海洋和水动力发电。

PTC补贴的力度比较大,风力发电每度电最高可以补贴2.4美分。它是美国联邦政府的财政支出的一部分,每年高达约50亿美元。PTC的政策需要国会定期讨论是否延期或扩展,存在一定的不确定性。

3. 低碳燃料标准

加州在2009年批准了低碳燃料标准[2](Low Carbon Fuel Standard, LCFS),并从2011年开始实施,目的是通过减少交通领域的温室气体排放来解决气候变化问题。该方法设计的初衷是利用市场手段来管控高排放燃料的使用。它是建立在燃料的单位能量碳排放强度(Carbon Intensity, CI)概念的基础上,与碳交易市场相似。它可以理解为全生命周期中每兆焦耳的二氧化碳排放克数,它有一个参考CI作为标准值。凡在加州市场上销售交通工具用燃料的公司都要把其燃料的CI与标准的CI值比较,如果高了,该公司必须在LCFS的市场上购买相应的信用指标。如果低于标准CI,则可以获得相应的信用指标。它获得或需要多少信用指标取决于其燃料CI值相对于标准CI值的差值。

LCFS信用指标的计算方法:

$$LCFS信用指标(吨二氧化碳)=(CI_{标准}-CI_{该燃料}/EER) \times 能量(每吨燃料的能量,MJ) \times EER \times C$$

其中

- C 为常数:10^{-6};
- EER:能效比。

这个方程中有几个参数需要解释一下。EER旨在鼓励使用电池或氢燃料电池的电动汽车。由于电动汽车是由电池驱动的,其效率是汽油车的4倍,因此能效比被指定为4。氢燃料电池电动汽车的能效比为2.5,比电池电动车效率差一些,但与汽油车相比,能源效率还是好得多。

CI标准值是由加州政府确定的。它略低于加州当前平均的燃料CI

值，目的是引导燃料向低碳的方向发展以达到降低排放的目的。目前CI标准值在93 g CO_2/MJ，这个值会逐年往下调。加州政府计划到2030年将这一数字减小到80 g CO_2/MJ左右。

由于需要购买的信用指标直接与所销售燃料的CI值与标准CI值之间的差值有关，燃料CI的计算非常严格，它是基于燃料的全生命周期的二氧化碳排放分析（Lifecycle Analysis, LCA）而定的。它考虑了从土地使用、开采、生产、运输、炼油，最后到车辆运行时燃料燃烧的整个燃料生命周期的二氧化碳排放的总量。

被政府承认的计算方法来自阿贡国家实验室。通常一种燃料的CI值会比燃料燃烧产生的CO_2高出10%～30%。例如，天然气（NG）燃烧产生约54 g CO_2/MJ。然而，由于天然气的生产方式不同，常规或水力压裂，以及天然气运输方式的差异，管道或液化，其CI值也会不同。根据各种研究，额外的CI可以从7 g CO_2/MJ到25 g CO_2/MJ不等。例如，天然气作为汽车燃料的CI值为68 g CO_2/MJ。作为参考，风力发电的CI值为3.3 g CO_2/MJ，核能发电为4.4 g CO_2/MJ，太阳能发电为12.8 g CO_2/MJ，汽油为100 g CO_2/MJ，煤为120 g CO_2/MJ。

自2011年成立以来，LCFS被认为成功地降低了交通行业的碳排放，是行之有效的激励政策。目前LCFS信用市场价格约为180美元/吨二氧化碳。请注意，1吨燃油不等于1吨二氧化碳排放量。这取决于特定燃料的全生命周期评价后所确定的CI值。例如，假设用风电制氢为电动汽车提供氢燃料，1吨氢燃料则可产生27吨二氧化碳的LCFS信用，价值约4 860美元/吨氢。在这种情况下，仅仅是信贷就可能高于制造氢气的成本。

1.4.2　中国的可再生能源激励政策

2016年4月22日，中国和全球其他174个国家一起共同签订了《巴黎协定》，该协定的主要目标包括：将全球平均气温较前工业化时期上升幅度控制在2 ℃以内，并努力将温度上升幅度限制在1.5 ℃以内。为了实现这个目标，中国政府要求所有部门都要大幅度地减少二氧化碳等温室气体排放。

中国在碳减排问题上向国际社会作出了庄重承诺。在2020年9月22日联合国大会一般性辩论上，国家主席习近平宣布：中国将提高国家自主贡献力度，采取更加有力的政策和措施，二氧化碳排放力争于2030年前达到峰值，努力争取2060年前实现碳中和。

中国是煤炭生产、消费、贸易量最大的国家之一，也是以煤炭消费为绝对主体的能源大国，中国的电力供应60%以上来自煤炭。在此基础条件下，实现碳中和的目标，挑战是巨大的。特别是在即将全面建成小康社会、开启全面建设社会主义现代化国家的关键时刻，向世界承诺要在40年内实现碳中和目标，为人类实现治理环境、延缓和逆转全球气候变暖的目标做出重大贡献，这是中国担当。作为世界上最大的碳排放国家，从构建人类命运共同体的角度出发，实现碳中和是中国的责任。

习近平总书记代表中共中央提出要构建以新能源为主体的新型电力系统，认为这是关系到中华民族永续发展和创建人类命运共同体的大事。中国政府一直在制定和部署减排的政策和措施，鼓励可再生能源的生产，发展氢能和其他形式的清洁能源。附录A3列出了关于可再生能源及氢能相关的具体的政策和激励措施。

于2021年初，中国政府正式发布了关于碳交易市场的细则和管理办法，这是中国在二氧化碳减排的举措上的一个重大里程碑。

中国政府一直重视节能减排，努力减少二氧化碳的排放，大力支持可再生能源的发展。可以说，没有中国政府在过去20年里的政策支持，就没有目前世界范围内风力和光伏发电技术的迅猛发展。而诸如风力发电这样的绿色能源技术是目前全球能够实现碳达峰和碳中和的基本条件，国际社会对此有共识。如果人类最终能够逆转全球气候变暖趋势，其中一定有中国人民的巨大贡献！

1.4.3 其他相关数据

1. 碳捕集

二氧化碳捕集主要有两种：一是从点源即二氧化碳排放源（如火力发电厂的排烟气塔）捕集；二是直接从空气中捕集。

点源捕集有一些实际的案例，成熟的技术是液体胺溶剂捕集二氧化碳。这个技术目前在实际建造和运行的例子中，其成本在100美元/吨二氧化碳以上。但一些技术分析测算是60～80美元/吨二氧化碳的成本水平，可见，其中还有一定的发展空间。

直接从空气里捕集二氧化碳的技术还不成熟，目前只有用固体吸附剂，其成本在200美元/吨二氧化碳以上。详细情况可以参考文献[3]。

2. 45Q联邦税法

美国联邦政府制定了鼓励EOR和碳捕集与封存的政策，叫作45Q。它规定用于EOR的二氧化碳可以享受10～30美元/吨的税务补贴，如果是直接地下封存而不是用于EOR，则可享受50美元/吨的补贴。

第2章

氢经济相关的技术概述

就这项研究而言,有几个技术领域是值得关注的。首先是能源领域,一般来说,氢是能量的载体,所以首先要讨论的是制氢的技术。另一个值得关注的技术领域是利用氢气和二氧化碳来生产产品,如燃料、塑料或化肥。此外还有可以帮助工业领域脱碳的技术,如水泥和钢铁的生产。

2.1 化石燃料制氢

传统工业领域中,氢被用于化石燃料精炼工业的加氢裂化和脱硫过程。在化学工业中,它被用于合成氨并通过氨制造帮助植物生长的肥料,另外就是用来增加汽油的能量密度,使其可以用作飞机燃料,这是目前氢应用的两个主要领域。这两个领域的全球市场规模超过1200亿美元,每年生产7000万吨纯气体和4500万吨未分离气体(在化肥加工过程中)。它也被用于金属的生产制造以及甲醇的生产,但这些规模比较小。

全球氢气总产量每年总计超过1.15亿吨,主要由化石燃料生产,即蒸汽甲烷重整(SMR)和煤气化。由于我国天然气资源相对不足,目前煤气化制氢仅用于生产化肥。世界上有些国家则用天然气生产氢气。

2.1.1 蒸汽甲烷重整(SMR)

在SMR中氢主要由以下反应产生:

(1) 蒸汽转化

$$H_2O(g) + CH_4(g) \rightleftharpoons 3H_2(g) + CO(g)$$

(2) 水煤气转化

$$H_2O(g) + CO(g) \rightleftharpoons H_2(g) + CO_2(g)$$

图2-1演示了典型的SMR流程。

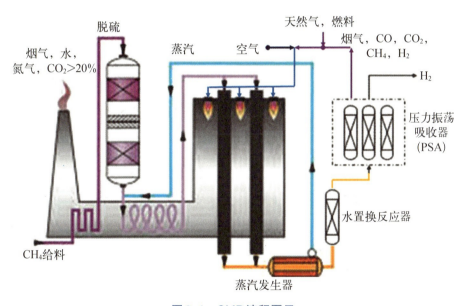

图2-1　SMR流程图示

上述两个反应方程看起来并不是很复杂,但是用甲烷生产氢气,涉及在非常高的温度和压力下的催化反应和非常复杂的厂房结构。它们通常都很大,建在终端用户旁边,如石化精炼厂或化肥厂。如图2-1所示,SMR的处理过程由多个步骤组成。这个过程涉及一些物理和化学的基础知识,了解一下会很有帮助。

(1) 蒸汽甲烷重整反应有很强吸热性,需给定 ΔH=+206.2 kJ/mol的 CH_4,温度在800～880 ℃之间,压力为20 bar,1 mol的 CH_4大约是18 g。

所以，必须提供大量的热能来维持反应温度。这是通过将含有甲烷、水蒸气和催化剂的管道放置在燃烧室中来实现的。在这个燃烧室里，它通常用氧气燃烧燃料来产生热量（空气是氧气的来源），还需要使用催化剂来获得快速反应。

（2）这些燃料通常是由从进口管道送入的天然气以及从压力振荡吸收器（PSA）排出的尾气组成，PSA如图2-1所示。PSA排放的尾气中含有一氧化碳、二氧化碳、少量未反应甲烷和未分离的氢气，是很好的热能来源。这比传统的清理尾气并将其用烟囱释放到环境中的方法要简单得多。

（3）在燃料和空气的燃烧中，会遇到空气中氮含量偏高（约为78%）而在过程中产生NO_x的问题。由于燃烧室温度很高，接近1 000 ℃时，空气中的氮会部分反应生成氮氧化合物，它是一种空气污染物，会导致雾霾和酸雨。氮参与燃烧的另一个问题是因为它是惰性气体。在这个过程中，氮根本不会与燃料反应产生热量，而是与氧气反应产生污染物。由于它在燃烧室中被加热，然后释放到环境中，留下有很多余热未被有效利用，浪费了部分能量。这就是SMR效率低（只有75%左右）的原因所在。

（4）天然气以甲烷和二氧化碳为主，但它也含有少量的硫化物。硫能让催化剂失效，燃烧它会产生有毒的硫氧化物。在燃烧甲烷之前，硫化物必须从甲烷中分离出来。

（5）蒸汽甲烷重整反应是平衡反应，所以反应不会完全进行。通常在第二阶段使用水煤气来转换反应以增加氢气的产量。这个反应的温度要低得多，大约在350～400 ℃之间。

（6）过程中的蒸汽是通过热交换器冷却从反应器而来的气体而产生的。由于对反应气进行冷却比对产生蒸汽更为重要，这个过程通常会产生过量的蒸汽。在设计良好的SMR工厂，通常集成蒸汽轮机发电以改善电厂的整体经济。

（7）SMR生产的氢气（g）纯度可以超过99.9%[4]，可用于精炼或生产其他产品（如氨）。

(8) SMR 是一项非常成熟的技术,它生产的氢占世界上制氢的大部分(中国除外)。

2.1.2 纯氧蒸汽甲烷重整法(Oxy-SMR)

如前一节所述,使用含氮78%的空气燃烧是常见的但不经济。既然燃烧只需要氧气和燃料,那么用氧气代替空气就好了。然而,如果氧气成本过高的话,这是不经济的。在传统的工业生产过程中,氧气是由能耗很高的空分装置(ASU)来进行生产的。在大多数情况下,使用纯氧进行 SMR 的成本是高昂的。

只有当氧气是副产品,且必定能够售出以提高工厂的经济效益,这才是有意义的。我们的设想是,通过电解水来产生氢和氧,而氢用于下游产品,如在生物工程过程中生产可生物降解塑料(PHA),氧气则可以用于 SMR 燃烧。这样的工艺如图 2-2 所示。

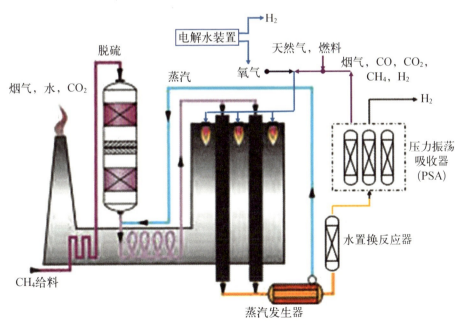

图 2-2　氧气 SMR 流程图示

这种工艺有以下优点：

（1）SMR能源效率可提高10%以上，例如产生等量的氢时可以减少燃料的使用；

（2）烟气中的二氧化碳可以通过冷凝水很容易地被捕集；

（3）这一过程显著减少了有毒气体的排放；

（4）副产品的价值更高，因为它不需要运到其他地方使用。

2.1.3 甲烷裂解

炭黑（石墨）年产量约1 500万吨，全球市场价值约150亿美元。

在这些产品中，只有少量的炭黑是由甲烷裂解产生的，其余的来自石油和煤炭。

有意思的是，氢气副产品似乎对人们更有吸引力。因为氢气的价值约为2 000美元/吨，而炭黑的价值才1 000美元/吨。该工艺采用天然气直接热解的方法生产氢气和炭黑。甲烷对氢和碳的转化率可达95%以上，效率非常高。

化学反应方程式如下：

$$CH_4(g) = C(s) + 2H_2(g), \Delta H = 75 \text{ kJ/mol}$$

根据上述公式，4吨甲烷产1吨氢，副产3吨炭黑。在这个过程中不需要水。热量是由燃烧化石燃料提供的。

甲烷裂解有几种技术：

（1）半连续加热反应；

（2）连续加热反应；

（3）等离子体加热；

（4）低温等离子体。

1. 热裂解-半连续过程

世界上只有一小部分的炭黑是用这种技术生产出来的。热裂解法使用

◎ 第2章 氢经济相关的技术概述

天然气或重芳烃作为原料。该过程使用一对大约每5分钟在预热和生产炭黑之间交替一次的熔炉。将天然气注入耐火内衬炉中,在没有空气的情况下,耐火材料产生的热量将天然气分解成炭黑和氢。出来的颗粒物流被水雾降温,然后在袋房中过滤。所述现有炭黑可进一步加工以去除杂质,经筛选、成粒后包装运输。氢气废气则在空气中燃烧,对第二个炉进行预热。

处理1吨甲烷需要10 MMBtu的能量。流程图如图2-3所示。

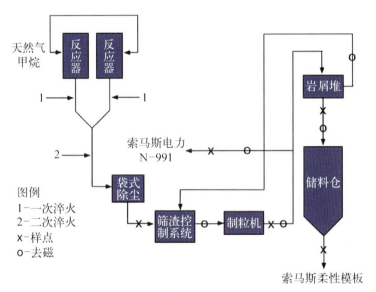

图2-3 半连续甲烷裂解工艺流程

这个过程的二氧化碳排放是最小的,主要来自为甲烷的热解提供热能的燃烧过程。在此项研究的基础上,每吨氢都会产生约1.5吨二氧化碳排放。作为参考,如果二氧化碳是在PSA之前的合成气中捕集的,SMR过程中每吨氢气产生5.6吨二氧化碳。如果没有二氧化碳捕集,过程中每吨氢气会生产11吨的二氧化碳。

2. 连续甲烷裂解

这是一项在发展中的新技术,德国的一家研究单位(Karlsruhe Institute of Technology)的创新[5]。

它使用一个燃烧器来加热里面有甲烷的反应器,甲烷随后分解成氢和炭黑,再用液态金属取出炭黑,将炭黑从液态金属中分离出来后,将液态金属放回反应器以循环收集炭黑,这样整个过程便连续起来。

连续甲烷裂解的优点是:

(1)该过程二氧化碳产生得最少;

(2)作为连续工艺,生产效率较高;

(3)解决了袋式过滤器结焦问题;

(4)由于热解温度较低,效率更高,估计只需7~8 MMBtu便可处理1吨甲烷。

连续甲烷裂解的工艺流程如图2-4所示。

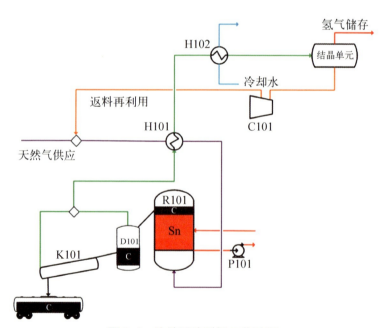

图2-4　连续甲烷裂解工艺过程

3.等离子体辅助裂解

这项技术是由法国Fulcheri的团队首创的,并由美国的Monolith科技公司实施,该公司计划在美国内布拉斯加州建立一个试验工厂。

它使用3个电极的交流电源来产生携带氮气的等离子体。甲烷被注入热等离子体,分解成氢和炭黑。炭黑经袋式过滤器过滤,收集到氢气和氮气混合物,再进行分离便可得到纯氢。

根据Fulcheri的论文,它大约需要4吨甲烷和35 MWh的电力来制造1吨氢。这相当于(或略高于)热裂解所需的能量。需要注意的是热能是由电提供的,而电能被认为是高等级能源。当然,它也可以由可再生能源提供,所以这个过程可以100%无碳。它的另一个优点是体积更小,可以置于需要氢的地方。

热等离子体反应器如图2-5所示。

4. 低温等离子体

产生炭黑和氢气的技术可以运用非热等离子体,通常称为电晕效应。当气态甲烷在高电场条件下,甲烷从电极获得电子,

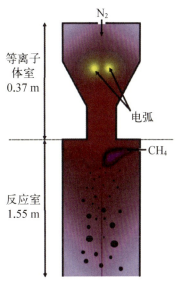

图2-5 热等离子体甲烷裂解反应器

并开始分解为氢气和炭黑。由于选择性低,这个过程效率低,这意味着它也会产生其他气体。热量损失取决于反应器中被加热的气体的量。根据文献资料[6],该工艺的效率超过20%。

分解1 mol的甲烷,大约需要76 kJ的能源。因此,如果效率为25%,从甲烷中生产1 kg氢气需要21 kWh的能源,这比蒸汽甲烷重整(SMR)要低。但当效率超过30%时,这种等离子体辅助制氢的效果要优于SMR。

2.2 新兴技术制氢

近来,氢被认为是解决气候变化的可行方案。在制氢技术和应用方面

有很多进展。在应用方面,氢被认为是清洁能源,可以用于燃料电池设备或燃气轮机发电。在交通领域,氢动力汽车已经开始出现在市场上。在一些特殊情况下,氢动力汽车是主流,如用于叉车。向现有的天然气管道注入氢气,用于建筑供暖或烹饪用气,这样的应用目前已经开始,但还没有广泛使用。目前,一些国家允许向管道中注入10%的氢气,也有一些专家认为注入20%的氢气应该也是安全的。只需进行一些小的改动后,大多数天然气管道应该能够输送100%的氢气。而世界上有这么多的天然气管道,这为氢未来的基础设施建设提供了巨大的优势。用氢燃料的船舶和航空飞行器也处于早期发展阶段。氢也被探索作为一种手段来储存过多的可再生能源,以解决长周期的储能问题。所有这些都可以被视为未来的氢经济的一部分。在本节中,我们将重点讨论氢气生产技术,包括用可再生能源生产氢气,从而为一个清洁、无碳的未来提供燃料。

2.2.1 电解水技术

通过电解水可以制得氢。当将直流电应用到被膜分隔的阳极和阴极上时,在催化剂材料的帮助下,水分子在电极上分裂成氢气(阴极)和氧气(阳极)。

用于电化学水分解的技术具有以下化学性质:

阴极反应:

$$4H_2O + 4e^- \longrightarrow 2H_2 + 4OH^-$$

阳极反应:

$$4OH^- \longrightarrow O_2 + 2H_2O + 4e^-$$

电解就像燃料电池,但是反向的过程,不像燃料电池那样产生电力,而是要消耗电力。目前最成熟的电解水技术是碱槽电解水技术(AEC)。另外两种工艺是:质子交换膜电解水技术(PEMEC)和固体氧化物电解水技术(SOEC)。

第2章 氢经济相关的技术概述

三种不同的电解技术及其特点和主要参数表2-1[7]。

表2-1 主要电解工艺比较

电解技术 参数	AEC	PEMEC	SOEC
电压效率（%）	62～85	67～82	<110
操作温度（℃）	60～80	67～82	>600
响应时间	秒	毫秒	秒
电压效率（Bar）	<30	<200	<25
成熟度	技术成熟	商业成熟	商业试点
花费（美元/kW）	600～1 000	800～1 200	1 500～2 000

粗略地说，如今一个新的电解水工厂的能源效率约为80%（HHV）。也就是说，产生的氢的能量值大约是用于分解水分子的电量的80%（交流功率），而蒸汽甲烷重整的效率约为75%。为了听起来更有吸引力，电解水技术供应商是根据氢气的高热值（HHV）来计算能源效率的。但是，如果涉及燃烧过程，氢气的高热值（HHV）和低热值（LHV）之间的差异是相当大的。氢的LHV大约是其HHV的85%。能源效率的一个有意义的衡量标准是单位制氢量所需的交流电量。例如，如果它需要50 kWh电来制造1 kg氢，能源效率是79%（HHV）或67%（LHV）。

有意思的是，电解水系统具有燃料电池发电的功能，被称为再生燃料电池，或反向燃料电池。固体氧化物再生燃料电池是这种工作方式的一个很好的例子，因为它具有较高的工作温度，从而具有更高的法拉第效率。但由于没有资本投资，这种氢应用的商业案例至今还未出现的。目前，电解水系统的资金成本约为500～1 000美元/kW（交流电）。AEC技术成熟，成本较低，效率也比较高，但与PEMEC比较，动态响应稍慢，启动时间长，还有废水处理的问题。进一步了解有关的常规电解水技术可参考文献[8]。

E-TAC是电解水技术的最新进展,目前还在实验室阶段。如果能商业化,这个技术被认为可以把转换效率提升到95%以上,降低设备成本50%,并且可以提高氢气生产的安全性。该技术的原理如图2-6所示。电解制氢过程分为两个阶段:第一阶段(图2-6a),是电化学过程,用电产生了氢气,同时镍电极被充入氧气,暂时存放;第二阶段(图2-6b),是热过程,在这个过程中,镍电极里的氧气在高温的作用下释放出来。这样氧气和氢气的产生就分开来了,避免了安全问题。

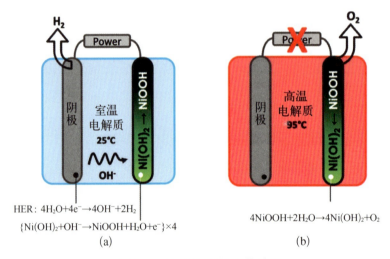

(a) HER: $4H_2O+4e^-\rightarrow 4OH^-+2H_2$
$\{Ni(OH)_2+OH^-\rightarrow NiOOH+H_2O+e^-\}\times 4$

(b) $4NiOOH+2H_2O\rightarrow 4Ni(OH)_2+O_2$

图2-6 E-TAC制氢工艺过程

AEC技术是成熟的技术,有50年以上的历史,也是目前市场上设备成本最低的技术。PEMEC相对是比较新的技术,与AEC比较,它可以用纯水,具有响应快,可以承担冲击负荷的优点,但有造价成本高,设备寿命短的缺点。SOEC和E-TAC技术目前还没有商业化,处于开发试验阶段,但这些技术都为未来电解水技术发展提供了进一步提高效率和降低成本的可能。

据2020年的BloombergNEF报告,中国江苏的一个生产厂家的Alkaline电解水设备目前已经可以降到200美元/kW,大约每千瓦造价1 300元人民币的水平。从产业规模的发展上考量,设备成本的降价空间应该比较大。完全有可能在不远的将来,可以期待电解水设备的单位造价降低到400～800元/kW的水平。

2.2.2 微生物产氢

微生物量转化过程利用微生物消耗、消化生物量的能力来释放氢。取决于路径,这项技术可能会在中长期内形成商业规模的系统,这可能适合于分布式、半中央式或中央式的制氢规模,这也取决于所使用的原料[9]。

由于它使用生物质,氢被认为是可再生的。

- 它是如何工作的?

在以发酵为基础的系统中,微生物,如细菌,分解有机物产生氢。有机物可以是精制糖、玉米秸秆等生物质原料,甚至是废水。由于不需要光照,这些方法有时被称为"暗发酵"。

在直接氢发酵中,微生物自己产生氢。这些微生物可以通过许多不同的路径分解复杂的分子,其中一些路径的副产品可以被酶结合产生氢。研究人员正在研究怎样让发酵系统更快地生产氢气(提高速度),并从相同数量的有机物中生产更多的氢气(提高产量)。

微生物电解电池是利用微生物分解有机物所产生的能量和质子,结合额外的小电流来产生氢的设备。这项技术非常新颖,还有许多发展的空间。从寻找成本更低的材料,到识别最有效的微生物类型,研究人员正致力于从多方面改进该工艺技术性能。

在微生物电解细胞中,如图2-7所示,微生物(棕椭圆形)消耗有机物,如醋酸,产生电子(e^-)和质子

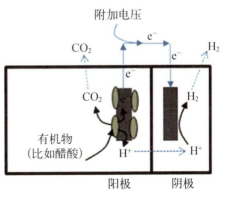

图2-7 微生物产氢过程

(氢离子,H^+)。电子被传递到电极,并通过导线到达阴极部分的电极。在这里,在一个小小的附加电压的帮助下,质子与电子结合产生氢气。这项技术可以成为氢经济的一部分。

2.2.3 人工光合作用

利用太阳能能够可再生地产生氢气。使用半导体结构来吸收阳光,通常使用串联电流匹配设计,以产生足够的电压来进行氧化和还原反应,最终在某些催化剂的作用下分解水,如图2-8所示,这就像自然界中植物的光合作用一样。

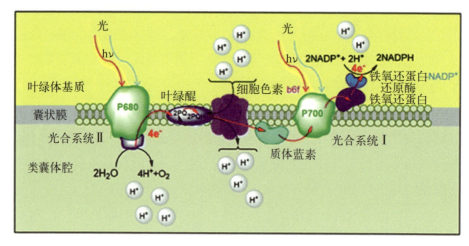

图2-8 光合作用制氢

但是人造光源使用半导体来模拟不同光谱的阳光,所以效率更高。该人工系统在实验中被证实可以产生氢气。由于氢质子的活性很强,催化剂的腐蚀是一个需要解决的问题。因此,该技术的工作时长一直是其关键技术,也是近期研究的重点。哈佛大学的诺切拉(Nocera)的团队就进行了这样的尝试[10]。

此外,因为氢氧结合会短时释放大量能量,系统必须确保产生的氢气不会与氧气混合,以免产生安全问题。

在将太阳辐射转化为可用的能源(如氢气)时,自然光合作用的效率只有1%,而目前研究表明人工光合作用的效率可达10%左右[11]。

与太阳能光伏+电解制氢系统相比,光电解制氢系统简单,不需要太多的电厂配套和辅助设备(BOP),如光伏系统、电气系统、水处理系统等,这些设备复杂且昂贵。话虽如此,由于技术不成熟,目前还没有商业规模的公司通过人工光合作用生产氢气。然而,专家预测以这种方式生产氢气似乎在不久的将来便会出现,因为与其他技术相比,它的性能已经初步具有竞争力了[12]。

2.3 氢运输成本及比较

氢可以通过这样或那样的方式廉价或清洁地生产出来。然而,氢气的运输是氢经济的首要问题,因为氢气体积庞大(详见附录A2)。作为能源的载体,氢气可以长时间、大规模地储存和远距离甚至是跨大洋地运输。但是氢的物理特点决定了它的储存与运输都是具有相当挑战性的任务。如附录A2所示,它体积大(1/13.5的空气密度),难以压缩,难以液化(零下253 ℃)。液化的氢,1 m^{3}仅70 kg,而同体积的汽油为700 kg,同样体积下液化氢所含的能量是汽油的1/3。

2.3.1 氢储存的形式

氢储存的形式主要有以下几种:

(1) 高压容器;

(2) 溶洞;

(3) 液化氢容器;

(4) 储存于氨水或液体有机氢载体储氢(LOHC);

(5) 储存于固体材料里。

高压容器和液化氢容器是目前常见的储存形式。高压容器又分车载的和地面的（或地下的）。车载的高压容器一般能承受相当于 700 kg 的大气压力而地面的能承受相当于 350 kg 的大气压力。造价方面也有差别，车载高压容器的单位造价很高，估计要在 1 300 美元/kg 以上[13]。而地面的高压容器可以用混凝土外围加固，其单位造价可以到 700 美元/kg 以下。

最好的和最经济的储氢方式是溶洞，据估计其造价在 35 美元/kg 以下。如果不考虑氢气的纯度要求，许多废弃的地下设施都可以用来储氢，其成本可以控制在 25～30 美元/kg 氢[14]。

液化氢的成本要相应更高一些，主要是低温容器的造价和液化工艺的成本。液化的成本比压缩的成本要高得多，液化 1 kg 的氢气大约需要 12 kWh 电。

1 m^3 的氨水可以储存 121 kg 的氢，比 1 m^3 的液化氢还多 70%。除了把氢储存在氨水里的技术比较成熟一些外，其他的储存技术目前都还在早期的探索阶段。

2.3.2　氢运输的手段

氢运输的主要手段有以下几种：

（1）槽车；

（2）管道；

（3）液化氢海运；

（4）化学转换后运输（氨/LOHC）。

前面两个方法是成熟的技术。液化后海运也有一定的经验，但转换为氨或者 LOHC 后的运输方式还非常少见。氢气的管道运输是运氢的理想方式，早在 20 世纪 30 年代，氢的管道运输就开始了。目前世界上大约有 5 000 km 的氢运输管道。据 IEA 的数据，如图 2-9 所示，如果运输距离在 1 500 km 左右，管道运输的成本在 1 美元/kg 以下。在陆地上，长距离大量输送氢的最好方法是管道，可以使用现有的天然气管道。目前世界上的多数国家，包括中国都建成了完整的天然气管道输运体系可用于输送氢气,可直接与天然气掺混输送(可到20%的体积比例)。如果输送纯氢,大部分只需要小幅度的改造,改造的费用是建设新管线的10%～15%。所以说,除非跨洋运输,否则管道运输是最经济的。

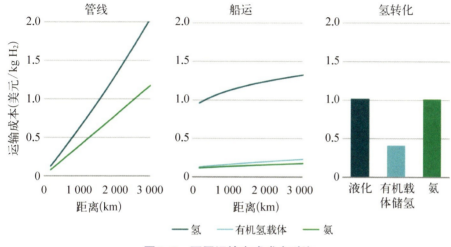

图2-9　不同运输方式成本对比

结合来说,我们就可以回答是选择就地制氢还是选择异地制氢的问题了。如果异地的电能的成本比本地低0.15元/kWh,则更有利于运输1 500 km的异地制氢方案。异地制氢的方案还应偏向于选择可提供合适的地下溶洞储氢的地点。

如果要短距离少量地运输氢气,卡车或铁路是好的选择。如果是通过海洋运输,那么可以将氢气液化并以液态形式运输。根据IEA的这份报告[1],在各大洲之间运输液态氢的成本约为1.3美元/kg。

在可再生能源丰富且廉价的情况下,比如得克萨斯州和俄克拉荷马州的风能,按照常规,能源可以通过特高压直流电(UHVDC)运输。或者,将可再生电力转化为氢燃料,并通过管道输送到需要能源的地方,如加州或美国东部各州,在那里氢通过燃料电池或燃气轮机转化为电力,也可直接供应给以氢为燃料的汽车。

有趣的是比较不同能源模式在州际长途运输的成本，表2-2显示了电力和氢两种能量输送方式的不同。很明显，从中国价格来看，建设特高压直流线路可能更经济。其实中国建设天然气管道的成本也比美国低得多。相比之下，还是用管道输送有优势，因为不管是中国或者美国都有大量现存的天然气管道可以在稍作改造后用于输送氢气。美国有超过100万英里的天然气管道。注意，在表格中，建造能源运输方法的成本单位是百万美元每英里每十亿瓦的能源输送能力。

表2-2　长距离输送能量的成本比较

	运输成本[百万美元/(十亿瓦·英里)]	备　注
天然气	0.46	美国平均值
氢　气	0.5	美国平均值
超高压直流	0.74	美国平均值
超高压直流	0.1	中国平均值

人们可能会认为，运输可再生能源的常规方式是通过特高压直流输电（UHVDC）。但是与管道输送相比，它们的最大不同是，特高压直流输电没有储能功能，而这恰恰是能源的根本问题。

2.4　由二氧化碳和氢制造可生物降解塑料

塑料正在污染我们的地球，可生物降解塑料被认为是一个解决方案。可生物降解塑料在陆地和水中会被微生物迅速消化，可使人们能够在对环境影响最小的情况下享受塑料材料带来的生活便利。近年来，生物降解塑料行业正在兴起，开始取代传统塑料产品。有几家公司正在生产可降解的生物聚合物。

聚乳酸是一种成熟的生物塑料产品（PLA），它是以食品淀粉为原料制成的。PLA在世界上得到了广泛的应用。最大的PLA制造商之一是意大利的Floreon公司[15]。

聚羟基烷酸酯（PHA）是可生物降解的另一类高性能聚合物。PHA和聚乳酸是可生物降解的生物聚合物的主要种类。还有其他类型的塑料也是可生物降解的，但由化石燃料制成。

PHA是一种新兴的生物降解塑料。有几家公司利用生物质或空气污染物制造PHA，比如从农业废弃物中提取甲烷气体。由于PHA被认为是更好的生物可降解塑料（相比PLA），本节专门对其进行深入讨论。

2.4.1　通过生物催化剂合成PHA（聚羟基烷酸酯）

生产PHA的一种方法是通过微生物合成有机原料，即生物催化剂过程。这些微生物是在实验室通过基因编辑或进化培育出来的，然后被用于大规模的工业生产过程。一般而言，这也是一种自然现象。当微生物缺乏氮、氧和磷等营养物质，但有高浓度的碳时，它们会产生PHA作为碳储备，并将其储存在颗粒中，直到它们获得生长和繁殖所需的更多其他营养物质。为了完成这些工作，微生物需要能量。

通常，能量是由氢或碳氢化合物（如甲烷）提供的，它们是能量的载体。例如，在Newlight公司的工艺中，制造PHA不仅需要碳源（一氧化碳），也需要能源（氢气）。化学反应如下：

$$4CO_2 + 4H_2 \longrightarrow C_4H_8O_3 + 2.5O_2$$
$$8CO_2 + 7H_2 \longrightarrow C_8H_{14}O_5 + 5.5O_2$$
$$12CO_2 + 10H_2 \longrightarrow C_{12}H_{20}O_7 + 8.5O_2$$

从上述方程式可知，最终产物中只有7%的氢。但是，因为这些微生物需要能量来完成工作，这个过程所需要的氢的比例要高得多，比如超过它们所需要PHA的1倍。然后，微生物产生的PHA通过一系列的后处理，如分离水、PHA提取和过滤才能最终获得。

PHA具有与传统塑料类似的化学结构，它有潜力取代一系列的传统塑料。Newlight公司的AirCarbon™能够满足大多数应用时的性能要求，这代表了一个可扩展的应用范围，覆盖了大多数塑料市场。

然而，PHA的价值并不是仅仅体现在其使用阶段，即可以替代化石燃料的塑料来使用，它在使用后的价值要高得多，即在使用后所带来的其他价值，比如，可降解。由于PHA具有生物可降解性和生物相容性，不损害活体组织，常被用于缝合、吊索、骨板和皮肤替代品等医学应用，极大地扩展了其在生物物理和医学领域的应用范围，具有较高的价值。

与可替换的生物塑料相比，PHA提供了更好的性能，如与聚乳酸相比，PHA具有更高的耐温性能和更强的机械完整性[17]。

此外，在填埋条件下，它的降解速度比聚乳酸快得多，这意味着它具有更好的环境性能。这两种材料都可以用于3D打印。

PHA的性质和特征取决于原料类型、微生物类型和添加到生物反应器的辅酶。一般生产企业通常有自己的专有微生物以对应特定类型的原料[18]。

原料可以是废弃生物质，如橄榄厂废水、废弃菜籽油等，也可以是食品级原料，如甜菜汁、菠萝汁、枫汁、油棕榈叶汁等。Newlight公司使用CH_4或CO_2/H_2作为原料。该公司的甲烷原料技术已经商业化，但使用CO_2/H_2作为原料的技术仍处于试验阶段。

目前，为了解决一些性能问题，并开发出成本较低的生产技术，企业和研究机构在PHA研发方面投入了更多资金，这将是PHA大规模商业成功的关键一步。

2.4.2　聚羟基烷酸酯（PHA）生产概述

PHA由三类原料（基质）组成：食品基生物质、非食品基生物质和气体材料。PHA的年产量远不足100万吨，但市场需求是巨大的。表2-3是全球PHA制造商名单。

表2-3 世界各国PHA加工厂

公司名称	链接	原料	介绍	说明
Newlight	https://www.newlight.com/	甲烷、二氧化碳和氢气	戴尔（包装袋）、惠普（手机壳）、宜家（包装袋）、维京手机（手机壳）、美体小铺（收纳盒）；19亿英镑的维马公司国际采购协议	公司只使用商业规模级别的发酵
Bio-on	https://www.Bio-on.it/production.php?lin=inglese	甜菜和其他生物质	意大利公司用甜菜制作PHA	商业规模应用
Lux-on	https://www.lux-on.com	二氧化碳和氢气	Hera和Bio-on的合资企业，它利用从资源（或环境）捕集的二氧化碳和电解产生的氢气通过发酵过程生产PHA	应该在2019年完成建造
Danimer	https://danimerscientific.com/	植物油	在佐治亚州的班布里亚吉(banbriadge georgia)，该公司与雀巢(nestle)和百事可乐(pepsico)合作生产饮料和水瓶	
Tianan Polymer	http://www.tiananenmat.com/#	玉米或木薯和少量丙酸以及适当的营养素，如氮、磷或氧	每年2 000吨的产能	从2000年开始生产
Tainjin Greenbio	http://www.tigreenbio.com/index.aspx	生物质	可能有每年5 000吨的产能	该公司的成长非常迅速
Kaneka	http://www.kaneka.co.jp/en/business/material/nbd.001.html	木管、木材	有每年5 000吨的产能	用非食用材料生产PHA
CJ Cheil Jedang	https://www.ci.kr/en/index	玉米或木薯	与Metabolix成立合资企业，在洛瓦珊有10 000吨/年产能的工厂	非常大的韩国公司
Biomer	http://www.biomer.de/indexE.html	生物质	具有成熟的商业运作	一家荷兰公司
ABM composite	https://abmcomposite.com/#technical	生物塑料长玻璃纤维	这家公司用可生物降解的材料和玻璃制造功能塑料零件、纤维强度和力学性能可与常规不锈钢材料相匹配，从而真正增加了生物降解材料的应用范围	他们的技术获得了创新奖，纤维增强复合材料工艺已较为成熟，可能ABMcomposite有更好的工艺，更高效率，更快的速度

在PHA生产企业中，Newlight公司是唯一能够从气态原材料中商业化生产PHA的企业。它以二氧化碳和氢气或甲烷为原料生产PHA，而其他类型的生物塑料的生产工艺则使用食品等级的生物质原料，如甜菜、甘蔗糖蜜、水果和土豆。

Newlight公司主要使用来自垃圾填埋场或动物养殖场的可再生甲烷作为其商业化生产的原料。现阶段，他们正试图使用二氧化碳和氢气原料来生产PHA，该技术在初步试验阶段。

如果使用二氧化碳将有助于减少大气中的二氧化碳含量，扭转气候变化的趋势。二氧化碳可以直接从空气中捕集（DAC，固体吸收材料选择性地与二氧化碳反应，并将其与氮和氧分离）。或者，二氧化碳可以从排放源捕集。电能将为工厂和电解水系统产生氢气提供能源动力。这种创新型生产过程中使用的电能可以由风能和太阳能等可再生能源产生。利用氢气的能量，在发酵反应器中微生物可以拆开碳元素和氧元素的化学键，将二氧化碳中的碳转化为可降解塑料PHA。

生物反应器从生物催化剂中分离PHA所需的热能也可以由氢通过与氧燃烧来提供，氧是电解产生的副产物。氧作为副产品从而得到有效利用，使这个过程更有效率。但这可能不是发电产生热能的最佳方式。使用热泵是利用电厂中的一些低级别热能（如生物反应器的冷却水）发电产生的热量（蒸汽）的最佳方法。这种方法需要谨慎地进行工厂的工程优化与系统集成，有一定的工作量，但最终可以节省运营成本和资金成本。

从上述介绍来看，用二氧化碳和氢气为原料的生物催化剂工艺，生产可生物降解塑料的经济循环，是可持续的和无污染的，并且是脱碳的。

2.5　可再生燃料技术

可再生燃料是除化石燃料以外的一种燃料。例如，从生物质、垃圾填埋气体中提取乙醇,从固体废物产生的合成气中提取合成燃料。从生物质中提取乙醇,特别是从食品中提取的乙醇,如玉米,是通过酶发酵技术得到的成熟产品。还有其他技术可以通过生物工程工艺,将非粮食生物质转化为液体燃料,如树叶、树木、农作物残留物等,但目前这些工艺技术还不是很成熟。根据公开报道,这一领域已取得进展,但仍处于开发阶段。它不像从玉米等食品类产品中提取乙醇的技术那样成熟。

IPCC在其最近的报告中制定了一种减排方式[19],用BECCS,也就是碳捕集和封存的生物能燃料制备工艺,此工艺过程可以把大气中的二氧化碳的浓度降低。因为人类已经排放了太多的二氧化碳,而在接下来的20~30年里,我们不可能突然停止使用化石燃料。因此IPCC认为在增强现有的陆地和海洋的碳吸收能力的基础上,有必要通过把二氧化碳从空气带走的办法,来防止灾难性的气候变化及全球变暖(气候模型详见附录A1)。

BECCS本质上是将玉米或其他生物质转化为燃料的过程。在此过程中,从玉米等生物质中释放出来的部分二氧化碳可以比较容易地被捕集,然后再注入地下进行永久封存。然而,这种做法因为需要大量的耕地和长时间的生长,被视为与其他农业活动竞争土地使用而遭受批评。当燃料燃烧时,二氧化碳再次返回大气层,并形成二氧化碳的闭环周期,整个闭环包括土地利用、集约化能源的使用过程和循环。BECCS不被看好的另一个原因是它的碳捕集效率,由于二氧化碳还会在燃烧后被释放,大气中的净碳减少量可能并不显著,所以对气候变化影响不大。这些土地也许可以更好地用于种植树木,这些树木通过树叶、树枝和树干储存二氧化碳,这是一种更有意义的碳封存。

基于以上阐述,本节将不涉及BECCS的具体技术。相反,将专注于把气态二氧化碳和氢气转化为燃料的技术。目前工业中主要有两种技术可以做到这一点:费-托法(FTP)和气体发酵。

2.5.1 费-托法(FTP)

在费-托法(FTP)中,在高温(150~300℃)高压的金属催化剂的作用下，将一氧化碳和氢气转化为乙醇这种液态燃料。二氧化碳不携带任何能量。在这条路线中，从二氧化碳到燃料的路径必须先经过另一个工艺，称为反向水气置换工艺，在高温反应室（约800 ℃）中的蒸汽和催化剂的作用下，二氧化碳被还原为一氧化碳。通常，反应器也处于高压状态。

通过电化学方法，室温下二氧化碳也可以被还原为一氧化碳。少数公司在这个领域处于领先地位，比如Opus 12公司[20]和Dioxide材料公司[21]。

在另一种方法中，它可以同时使用高温（外加催化剂）和电场，例如在研究中，二氧化碳有非常稳定的分子结构。想将其还原为一氧化碳，无论哪种方式，能量必须提供给二氧化碳中非常稳定的电子来重组原子，才能把二氧化碳分子变成别的东西[22]。

显然，由于需要高温和高压，使用反向水气置换工艺来生产FTP的原料一氧化碳并不是一种能源高效率的生产方式。然而，这却是Carbon Engineering公司提出的方法，该公司希望从空气中捕集二氧化碳来生产燃料。据该公司估算，这一过程的能源效率为30%～40%。即使氢是用可再生能源电解水产生，并且一氧化碳是用二氧化碳制成，然而通过FTP将电能转化为液体燃料的过程中，能量损失非常大。由于电能是最高等级的能量，在这个过程中损失很多电能，这种技术确实会让人止步。客观上讲，这一路径似乎无法形成有效的环境和气候策略。但这种低效率的技术有时因为宣传到位会得到大量的资金支持（Carbon Engineering公司的投资者之一是比尔·盖茨）。

如果当下仅考虑在不冲击现有基础设施的情况下为运输行业提供燃料，那么问题在于用水置换反应加成法产生一氧化碳的能源效率低下，而氢气和二氧化碳直接转化为甲醇（一种用于运输的液态燃料）是一种更有效的化学催化合成方法（稍后讨论）。

就使用电能而言，应该有更好的应用。交通行业的电气化是一个发展的趋势，电动汽车（EV）的能源使用效率是普通汽车的4倍，例如，1加仑汽油相当的电能可以使EV跑100英里，而对于一辆内燃机汽车，1加仑汽油只能跑25英里。不仅仅是大大提高了效率,EV还有许多其他的好处,如低噪声、没有空气污染、没有碳排放和更少的故障维护。而燃烧燃料,无论是否可再生,都会产生碳排放。

如果所有的船只都用燃料电池或锂电池来驱动,海洋生物就不会受到噪声的伤害,因为发动机的噪声甚至可以杀死它们,这样我们就会拥有一个更安静、更清洁的海洋。自从人类发明了火以来,燃烧对人类文明起到了很好的推动作用。但现在已经到了我们无法用其实现可持续发展的地步。从长远来看,电气化是唯一的发展方向。所以,在这个大前提下,为什么我们还要开发新的方法来生产燃烧用的燃料呢?

不幸的是,短期内,我们必须使用燃料,我们还不能立即摆脱燃烧,因为社会目前是由燃烧燃料的引擎来运转的。即使交通工具的电气化是优雅、清洁和可持续的技术解决方案,找到更好的方法来生产可再生燃料,在现阶段仍然还有一定的有意义。

从二氧化碳到燃料,较短的途径之一是从二氧化碳和氢直接合成甲醇。反应的化学式如下:

$$CO_2 + 3H_2 \Longleftrightarrow CH_3OH + H_2O, \Delta H_{298K} = -11.9 \text{ kcal/mol}$$

近年来,由于催化剂技术的进步,这一过程变得更加有效。Haldor Topsoe公司是这项技术的先驱,并将其商业化[23]。

甲醇是一种多用途燃料。它可以简单地混合成汽车用的汽油。然而,由于甲醇对现有发动机燃料系统中的一些金属材料具有腐蚀性,在现有发动机中燃烧纯甲醇仍然是一个挑战。中国是甲醇汽车开发的先驱,最近已经扩大了应用范围,并在数量上领先世界[24]。

2.5.2 气体发酵——Wood-Ljungdahl路径

通过生物化学反应路径可以实现从二氧化碳到燃料的转化。微生物将碳固定为一氧化碳的路径称为Wood-Ljungdahl路径[25]。

有几家公司从事这项技术的开发和商业化。这些公司包括LanzaTech[26]、Coskata Inc（Synata Bio）[27]和White dog lab[28]等。

图2-10显示了该技术的简要路径，它解释了通过微生物转化二氧化碳/一氧化碳为燃料的生物过程。

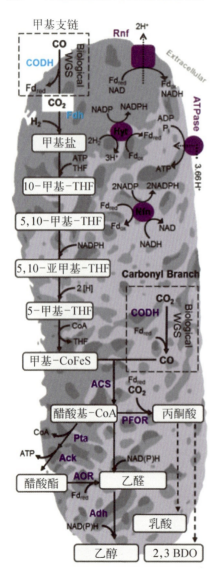

图2-10 生物固碳过程（引自文献[25]）

Wood-Ljungdahl路径典型的生物反应过程如下：

（1）准备好气体一氧化碳/二氧化碳/氢气：从钢铁厂的合成气，或气化的生物质，或来自DAC的二氧化碳和来自电解水生产的氢气（氢气也可以从蒸汽甲烷重整工艺生产）；

（2）气体预处理，主要是去除对细菌有害的硫化物，有时也从气体中除去氧气；

（3）在生物反应器中为细菌提供气体让其产生产品：这个过程是在30～37℃的温度下进行的，也可以是用高压来增加氢和一氧化碳的溶解度来促进反应速度。这个过程是放热的，需要用冷却塔的冷却水来冷却。控制反应的方法还包括生物反应器里的培养液的pH、培养液中辅助因子的类型。当然，主要因素是细菌的类型；

（4）从发酵培养基中分离产物：通常使用蒸馏过程，因为燃料（乙醇）有较低的沸点（80℃）。也可能使用其他不同的工艺，如White Dog实验室使用液对液分离工艺。所需的热量（低等级）可能是产生燃料的15%。但是如果热量是由工厂其他过程中产生的余热来提供，那么效率会更高。

如前所述，将合成气转化为短、中、长链的低碳液态烃传统上是通过FTP实现的。FTP首次开发于1925年，FTP在高温（150～350 ℃）高压（30 bar）和多相催化剂如钴、钌、铁下进行。相比之下，气体发酵发生在37 ℃和大气压下，这一点比对FTP就有显著的节能和成本优势。与气体发酵不同，FTP也需要一个固定的氢气/一氧化碳比例（2∶1）。然而，来自生物质的合成气的氢气/一氧化碳比值通常较低，需要额外加入水气置换反应，通过消耗额外的一氧化碳来改变FTP的氢气/一氧化碳比，但这导致能源效率的进一步降低。

虽然化学方法通常被认为比生物方法快，但生物方法优点是，由于生物反应的不可逆性质，后者允许接近完全的转化效率。此外，生物转化的高酶特异性也导致了更高的产出物的选择性，工艺过程产生比较少的副产品。

最重要的是，生物催化剂比无机催化剂更安全，不易因硫、氯和焦油而引起中毒。所以使用生物催化剂可以降低气体预处理的成本。随着气体发酵技术的日益成熟，利用微生物来制造可再生燃料的前景会越来越好。

2.6 其他与二氧化碳有关的产品

2.6.1 氨（NH_3）和尿素

采用Haber-Bosch工艺生产氨，被誉为20世纪重大科技成果，一度被认为是解决了世界人口过剩问题的技术。氨是用氢气和氮气在催化剂的帮助下合成的。传统的氢气原料来自化石燃料，如上文讨论的SMR，而氮气则是由空气通过空气分离装置（ASU）制取，这是一种成熟且应用广泛的氧氮分离技术。

最近,人们努力使化肥(NH_3)变成可再生资源。图2-11显示了一个图表,其中氢来自使用可再生能源电解水,并且氮来自ASU。也可使用可再生能源来驱动ASU,这样氨就是100%的绿色"基因"。化肥巨头Yara公司宣布他们将努力利用太阳能生产氨[29]。

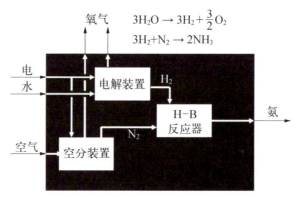

图2-11 可再生氨过程

就当前世界上人口的增长和现代农业的发展条件而言,氨及其下游产品(化肥)的生产对减少全球二氧化碳排放的贡献相当大,减少对天然气和煤炭等化石燃料的使用,对于实现《巴黎协定》的气候目标至关重要。

还有一种尝试,主要是在实验室阶段,就是通过将电解槽和H-B反应器结合在一起来简化整个过程。使用由水生成的H_2与N_2通过电化学反应直接合成氨,被称为固态氨合成(SSAS),如图2-12所示。这种技术有一个明显的优势,即效率更高,资

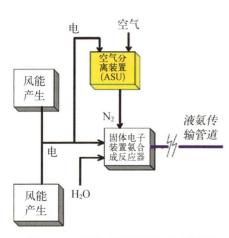

图2-12 固体电子装置氨合成过程

金支出更少。然而,它仍然在试验阶段,没有商业化。

Holdor Topsoe提出了另一种基于固体氧化物电解的新型、高度集成的氨合成工艺,如图2-13所示。由于SOEC能够利用合成氨回路中合成反应所产生的蒸汽,加上良好的高温电解热力学特性,因此能源效率非常高。这个过程不是使用ASU从空气中分离氮气,而是使用SOEC从空气中分离氧气,同时,从水中产生氢气。与传统的工艺相比,该工艺具有更高的热力学效率。

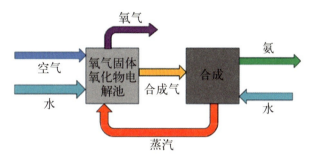

图2-13　SOEC制氨技术

可再生的氨与二氧化碳无关。它的生产过程不使用排放二氧化碳的化石燃料,它的分子中没有碳元素。当然,传统的化肥生产方式会使用大量的化石燃料,因此会排放大量的二氧化碳到大气中。可再生氨可以避免碳排放。

作为肥料,氨是液态的,即使它有植物需要的固定氮,也不适合直接应用。通常,制造肥料需要一个额外的步骤,即用二氧化碳与氨合成制造尿素。尿素中的二氧化碳在田间使用后将完全释放回大气,完成一个周期。在传统的合成氨工厂中,二氧化碳从SMR过程中很容易得到。但对于可再生肥料工厂来说,不涉及化石燃料,因此很难生产尿素。这种情况下可以用硝酸铵代替不含碳元素的尿素,硝酸铵也是一种很好的肥料,它是通过一系列的化学反应由氨水制备的。然而,因硝酸铵具有潜在的爆炸特性,尤其要关注使用过程中的安全问题。

2.6.2 钢铁生产

目前,全球钢铁行业生产的钢铁总量超过20亿吨/年。这是气候问题的重要组成部分,值得更多的关注。

炼钢主要有两种方法:一种是从铁矿石中提炼,另一种是从废金属中提炼。目前,从回收的废金属中提取钢材通常使用电弧炉。因为它使用电力,所以没有直接排放二氧化碳。如果从铁矿石中炼钢,通常使用高炉,这需要燃烧焦炭,或使用米德莱尔斯法(Midrex)和HYL-III直接还原法,这需要燃烧天然气。这些熔炉生产生铁,并释放二氧化碳作为副产品,然后将生铁经过碱性氧炉炼钢。在很多情况下,为了控制钢的成分,还将生铁与回收的金属一起加入电弧炉中炼钢。铁矿石中减碳反应是由来自化石燃料的一氧化碳实现的。化学方程式如下:

$$Fe_3O_4 + H_2 \Longrightarrow 3FeO + H_2O$$

$$FeO + H_2 \Longrightarrow Fe + H_2O$$

以及

$$Fe_3O_4 + CO \Longrightarrow 3FeO + CO_2$$

$$FeO + CO \Longrightarrow Fe + CO_2$$

一氧化碳和氢气的合成反应主要由来自蒸汽甲烷重整或煤的热解实现。氧化铁可以用一氧化碳或氢气来还原,或两者兼而有之。因此,炼钢是可以通过绿色氢来实现的。如图2-14所示,在炉中加入氢气来除去铁矿石中的氧。从理论上讲氢比一氧化碳在除去铁矿石中的氧方面更有效。这个优点可以弥补生产工艺中氢气带来的一些缺点,比如氢的运输比较困难。

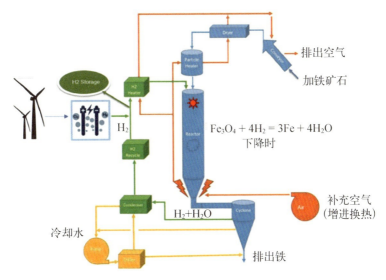

图2-14 可再生钢铁生产过程图示

2.6.3 水泥生产

每年大约有超过40亿吨的水泥被生产出来,所排放的二氧化碳占全球二氧化碳排放量的9%。二氧化碳在石灰岩分解过程中约有60%的碳排放,其余40%的碳排放来自化石燃烧以便将石灰岩加热到分解温度。通常,每吨水泥生产会排放0.9吨二氧化碳。

当用水泥制造混凝土时,在固化过程中会自然而然地从大气中吸收二氧化碳,但这是非常少量的二氧化碳封存。有些公司开发了混凝土制作时提高二氧化碳封存量的方法,正在研究的公司有Solidia公司[30]、Carboncure公司[31]等。

但是二氧化碳在水泥固化过程中的封存量要比水泥生产过程中的排放量少得多。即使它可以固化大量二氧化碳,在所有有利的假设下每年也只能吸收不过几百万吨,与排放出的数十亿吨二氧化碳相比,这是很小的值。

如果我们可以在生产水泥时不燃烧化石燃料,并回收生产过程中所有的二氧化碳且加以封存于地下，另外混凝土固化过程中会吸收二氧化碳，这将是我们经济中的去二氧化碳的生产活动，可以用来逆转气候变化。

这样的工艺是可行的。图2-15显示了一个绿色水泥厂的示意图。先利用风力发电，然后利用绿色电力为电解系统供电，产生氢气和氧气。用氧和氢进行全氧燃烧来制造水泥，在烟道中只会产生二氧化碳以及水。水凝结后可以将纯二氧化碳进行捕集封存。与传统的水泥厂相比，该系统的烟气量少得多，因此具有更高的能效。因为空气里的氮（占78%）在燃烧中是一个非功能性参与者，然而却被加热，然后被释放，带走一些宝贵的能量，整个工艺过程因此会损失这部分能量。所以，工艺中不含氮有利于提高效率。

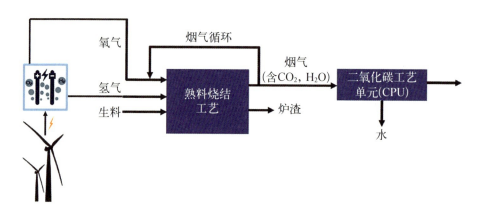

图2-15　绿色水泥制备图示

挪威有一家工厂已经开始使用可再生能源，并在生产水泥时捕集二氧化碳。捕集的二氧化碳被封存起来。挪威是世界上唯一大规模在海底对二氧化碳进行地质封存的国家，在地下注入二氧化碳并不是为了获得更多的化石燃料，而是减少二氧化碳在大气中的浓度。相反，如EOR技术，是为了开采更多的化石燃料，这就意味着更多的二氧化碳进入大气从而增加温室效应[32]。

随着可再生水泥的生产，整个过程的循环，从石灰岩到混凝土，可以实现"负碳"效应。混凝土会在整个生命周期中慢慢从周围的空气里吸收二氧化碳，还可以使用添加剂和混合剂来增强这种功能。最后，水泥生产过程中释放出来的二氧化碳一小部分可能会被混凝土从大气里吸收，但确切的数量并不十分清楚[33]。

建筑和基础设施建设所需的混凝土的生产规模对二氧化碳在大气中的浓度影响很大，大气中二氧化碳的平衡可能因此得以改变。也许，这才是从大气中吸收二氧化碳，降低其浓度，逆转全球变暖趋势的最有效的方法。如果政策到位，好的办法应该迟早会实施的。

第 3 章

制氢经济学

一些悲观的人认为世界会因为气候变化而走向末日,因为他们相信全球变暖就像脱缰的野马那样无法停下。但我们相信,在适当而有效的政策框架下,企业和研发机构可以走到一起,提出解决气候变化问题的方案和产品路径,共同努力,气候是可以逆转的。在接下来的章节中,将重点讨论这些方案和产品的技术细节及其经济性,以期阐明可行的路径。本章的主要内容是制氢技术的经济分析,包括制氢需要处理的碳捕集问题。

3.1 碳捕集的经济性分析

3.1.1 空气直接捕集(DAC)和点源碳捕集简介

为了实现IPCC气候目标,我们首先需要减少二氧化碳排放(详见附录A1)。为了减少二氧化碳的排放,人类需要把能源使用从化石燃料转向可再生能源。然而,有些领域的转换是不可能的,或者太难,或者不能很快完成,在这种情况下的解决方案可能是在点源进行碳捕集,即碳捕集和储存(CCS)。

与点源捕碳不同,DAC是从空气里直接进行碳捕集。不管是点源捕集还是DAC,都是把二氧化碳分子从其他的气体分子分离出来,不同之处在于空气里的浓度很低,只有0.04%,而点源的浓度则是这个数的100倍以上。所以点源碳捕集要容易些。

根据热力学第二定律，二氧化碳分子或大多数气态化合物很难分离。DAC和点源碳捕集的工艺需要大量的能量输入来完成。

其他气体成分的混合物中的二氧化碳可以用几种不同的技术分离。传统上广泛使用的技术是在流化床中使用液体胺溶剂捕集二氧化碳，然后在另一个塔中用蒸汽或其他热源的热量让二氧化碳升温挥发出去，使胺溶剂再生。然而，这种方法存在一些缺点，如能源效率低、高设备投资和高维护成本。由于二氧化碳浓度很低，该技术不适合用于直接碳捕集，但在点源碳捕集方面的应用相对成熟。

世界各地有一些点源碳捕集试点项目，如燃煤发电厂碳捕集的试点项目。其中一个世界上最大的最有名的例子是得克萨斯州的 Petro Nova 项目，该项目计划每年从烟道气中提取约140万吨二氧化碳，并将其用于EOR，但最终该项目由于亏损而关闭。目前还没有从空气里直接碳捕集的项目在实施。

其他将二氧化碳从空气或烟气中分离出来的新兴技术也正在研发中，最有前途的方法是固体吸附剂技术。与液体溶剂一样，固体吸附剂通过化学键吸收二氧化碳，然后用蒸汽通过热过程释放二氧化碳。然后，再把二氧化碳从蒸汽中分离出来并收集在容器中。

综上所述，传统的液态胺溶剂技术已经成熟，但经过多年的工艺优化和工业规模的扩大，其在能源利用方面的潜力已经达到较好的水平，进一步提高的空间不大。和固体吸附剂技术比较，设备投资成本和运营成本方面几乎没有什么改善的余地。

在新技术方面，膜技术和固体吸附剂技术仍处于早期发展阶段，有较大的改进空间。固体吸附剂技术由于可以应用于低二氧化碳浓度的场合，如直接空气捕集，而膜法和低温法在低二氧化碳浓度时效率较低，如直接空气捕集（DAC）。

不管是从大气还是从点源捕集二氧化碳，都尚处于早期发展阶段。其中有些已经商业化或处于试点阶段，但由于经济原因，规模化的工业还没有发展起来。由于缺乏政策支持，如果找不到一个持续盈利的运营模式，这些技术就可能永远不会真正地规模化。

3.1.2 经济分析

DAC直接从空气捕集并生产高浓度的二氧化碳，也就是此工艺的产品。如前所述，所有将二氧化碳与其他气体分离的技术都涉及电和热的能量输入。如何通过市场的二氧化碳价值来证明系统投资（资本）和能源/材料使用（运营成本）的合理性是经济学的核心。可惜的是，二氧化碳的市场价值并不高。原因很简单，它太丰富了。自从工业革命以来，它每天都被大量地产生并排放到大气中。也正因如此，才导致了气候变化。

从科学上讲，二氧化碳处于能量谷的底部，非常稳定。它很难转化成其他有用的载能材料。碳是一种有用的材料，一旦碳与氧发生反应，它就会释放出所有的能量。人们可能听说二氧化碳是有用的物质，这实际上是指二氧化碳中的碳，但是要把氧从碳身边带走需要大量的能量。二氧化碳只在某些极少的应用中有需求。大多数情况下，它被认为是有害物质，可以造成人员伤亡。此外，作为一种气体材料，运输的成本是巨大的。

当二氧化碳的需求在当地无法被满足时，二氧化碳才会变得很有价值，尤其是在需求量小的情况下，比如食品与饮料行业。二氧化碳可以被放回到水泥中，以提高混凝土的使用性能，即使混凝土的需求量很大，但是，吸收的二氧化碳的比例比较小，另外混凝土的单位价值还是太低，经济效益不好。正如前面所讨论的，混凝土在其整个制作周期中都在从空气中吸收二氧化碳，这否定了将浓缩的二氧化碳放回水泥具有环保价值的观点。唯一能证明使用二氧化碳的价值接近于捕集二氧化碳的经济性的应用是在石油工业中使用二氧化碳来提高石油采收率（EOR）。然而，在大多数情况下，EOR的最终结果是将更多的二氧化碳排放回大气中。EOR最糟糕的是使化石工业保持了良好的生命力（与可再生能源竞争），而正是化石能源首先造成了二氧化碳问题。另一方面，有人可能会用以下理由支持EOR：

（1）与传统钻井方法采集的标准化石燃料相比，EOR石油的碳排放相对要低很多；

（2）根据IPCC的最新报告，世界将需要大规模地在地下封存二氧化碳，而EOR正为这样的基础设置做准备；

（3）EOR通过扩大应用范围为发展二氧化碳物流技术提供了经济效益。

即使所有的这些观点都是有效的，EOR最大限度上只能是过渡性的方案，不应该作为解决方案。这就留下了一个不幸的结论，即除非我们考虑到灾难性气候变化的巨大外部成本，否则可以确定的是DAC基本上是不经济的。既然是为了共同的公益事业，就只能由世界各国政府的政策来推动。但是，到目前为止，世界还没有建立起有效的政策让人觉得二氧化碳负面影响有足够的价值。但从另一方面来说，虽然气候变化对经济的影响与造成的社会冲击与损害是不可估量的，但采取的治理措施应该优化，显然从空气里捕集二氧化碳不是最优的办法。

反对者的主要观点之一是，与碳排放的点源（如火电烟气）捕集技术相比，DAC并不经济。这是实际情况，但也有一些对DAC发展持积极态度的观点：

（1）目前从烟气（高浓度二氧化碳的点源）中捕集二氧化碳的技术已经发展了几十年，并且有一定程度的商业化和实施。当DAC技术成熟，产量如果超过临界点时，价格将大幅下降。

（2）在能源使用方面，DAC需要处理更多的环境空气以捕集相同数量的二氧化碳，因为二氧化碳浓度比点源低100多倍，因此需要更多的能源。吸收二氧化碳所需的能量是浓缩源的3倍。这是事实，但对于整个过程，所使用的大部分能量来自从吸收剂（液体或固体）中蒸发或加热二氧化碳。空气通过接触器（吸附剂）所需的能量不到总能量消耗的15%。与用于地下注入时压缩二氧化碳所需的能量大致相同。提取二氧化碳的过程与DAC相同，或者说，与点源捕集的能量需求几乎相同。事实上，能量需求的主要差异与吸附剂的类型有关,固体吸附剂由于固体的高热容量而比液体吸附剂具有明显的优势。燃烧所需的二氧化碳潜热远小于吸附剂(液体和固体)所需的显热,因为吸附剂的二氧化碳容量仅为几个百分点(二氧化碳捕集量/吸附剂重量)。DAC技术所使用的功能化吸附剂比点源二氧化碳捕集所使用的胺基液体吸附剂需要的能量更少。如果使用固体吸附剂,DAC即使在空气中稀释100倍,对能量的要求也不高。

(3)DAC在二氧化碳产出率方面确实存在劣势,因为它需要时间来饱和吸附剂,这会导致资本成本更高。然而,点源捕集二氧化碳也有其独特的问题,也会导致成本的增加。例如,在捕集二氧化碳之前,它必须清除烟气中的氮氧化物、硫氧化物和微粒。此外,它通常需要捕集烟气中90%的二氧化碳,而DAC只需从空气中捕集50%或更少的二氧化碳。

(4)DAC可以在任何地方实施,例如靠近下游产品消费者或利用当地政策资源。

(5)DAC可为项目提供了一个二氧化碳负排放的故事(供宣传用的,美化公司形象)。

(6)在可再生能源丰富的地方,DAC可以由可再生能源供电。

从某种意义上来说,CCS就是未来化石燃料工业的生命线。具有讽刺意义的是,假设用了所有的方法,人类最后不能够避免气候变化的最坏情形,在这种情况下,人类面临生存的巨大威胁,那么,由CCS发展而来的DAC可能就是气候危机下的救命稻草。因为这时,可以快速地实施DAC系统,来解决问题。但从经济意义上讲,DAC技术只与它的这个"最后一招"的价值有关。不幸的是,这种价值不容易评估。也许可以加大研究经费支持进一步开展DAC相关的准备工作,并将其发展成为一项储备技术,以备将来如果需要时进行大规模实施。

但是不管如何,没有政府完全买单,碳捕集就不可能有经济的可行性。再就是,碳捕集的技术既不简单也不清晰,其系统复杂,实施困难,技术上、运行维护上都有问题。总之,未来的碳捕集产业大规模发展是难以想象的。

3.2 不同制氢生产工艺的评估

氢是能源和许多其他工业的关键元素,如材料生产、化肥、钢铁制造、水泥等。能源和其他工业的脱碳路径很可能是通过氢。在这种情况下,生产氢气的经济性是非常重要的。本章对几种生产工艺流程进行了评估,并对结果进行分析和讨论。

3.2.1 评估方法

比较不同制氢技术的方法是比较它们在加利福尼亚州和华盛顿州市场销售氢气作为运输燃料时的盈利能力,其中考虑了低成本燃料标准(LCFS)和其他政府补贴。由于环境政策是为公平竞争而制定的,因此只有在考虑到这些政策支持的情况下,才能对技术进行公平的评估,这样选出的胜者才更为合适。需要注意的是,为简单起见,计算中只考虑LCFS信用。

对不同制氢方法的技术与经济的性能指标进行了评价,具体要素如下:

(1) 营业利润率,即营业收入减去营业总成本后,不考虑利息和税款;

(2) 资本收益率,即运营利润除以资本支出;

(3) 单位资本投资每吨年制氢量,即资本投资总额除以年制氢量;

(4) 减少(或避免)二氧化碳的资本绩效,即每百万美元投资每年减少的二氧化碳总量;

(5) 基于生命周期分析的制氢单位能量碳排放;

(6) 每单位甲烷输入的制氢量,如果使用甲烷,则是对技术有效性的衡量;

(7) 单位制氢量的二氧化碳产量,是衡量制氢过程中二氧化碳排放的清洁程度。

3.2.2　燃气轮机、二氧化碳点源碳捕集和电解水制氢

在这种生产架构中，氢气由 AEC 产生。电力需求由燃气轮机发电厂提供。燃气轮机排放的二氧化碳由固体吸附剂系统（如 Inventys 公司的系统）收集，然后将氢气液化，压缩二氧化碳用于地下注入以提高采收率（EOR）。这种方式的示意图如图 3-1 所示。

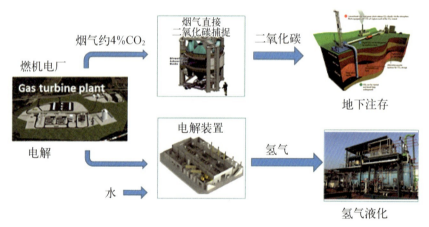

图 3-1　配置燃气轮机、二氧化碳捕集和电解氢的生产架构

此生产工艺中的技术经济分析基于以下假设：

（1）燃气轮机效率为 40%，以联系循环模式运行。余热锅炉（HRSG）的蒸汽供给烟道 DAC 进行二氧化碳吸附剂再生，"烟道 DAC"是指二氧化碳点源捕集技术；

（2）假设液化功率需求为 12 kWh/kg 氢气，这是目前小规模的技术水平，对于大规模生产或者使用新技术，如电磁液化，则可以获得更好的效率；

（3）燃气轮机烟气中的二氧化碳的捕集量占排放量的 90%；

（4）天然气生命周期的单位能量碳排放假定为 67 g CO_2/MJ，采用加利福尼亚空气资源委员会（CARB）公布的数字；

（5）电解效率为基本的 78%（HHV）；

（6）天然气价格为2.5美元/MMBtu；

（7）运输用液化氢的出厂价为4美元/kg；

（8）LCFS信用价值180美元/吨二氧化碳，二氧化碳地下注入的45Q信贷为35美元/吨二氧化碳；二氧化碳以30美元/吨的价格出售以用于EOR；

（9）燃气轮机总装机成本为800美元/kW，电解成本为820美元/kW，烟道DAC系统成本为210美元/(吨二氧化碳·年)，液化设备成本为1333美元/(千克氢·天)；二氧化碳压缩系统成本为1500美元/(吨二氧化碳·天)；

（10）燃气轮机的维护费用为0.015美元/kWh；电解设备的维护费用为42美元/(kW·年)；Inventys系统的维护费用为13.8美元/(吨二氧化碳·年)；氢气液化系统的维护费用为其总资本支出的4%每年；二氧化碳压缩设备的维护费用为1美元/(吨二氧化碳·年)；

（11）电解产生的氧气售价为200美元/吨。

这些假设大多来自文献，有些是基于解读文献而进行的有根据的推断。对于像这样的总体性研究，对准确性的要求并不像实际的工程项目报告那样严格。然而，这种分析将提供良好的经济意义，最重要的是，能提供不同技术和方式之间的成本和盈利能力的相对差异。

3.2.3　发电用燃料电池、点源二氧化碳捕集和电解水制氢

在此生产工艺的架构中，与第3.2.2节中先前配置的不同之处在于发电方式。燃料电池用于发电，为电解和其他工厂用电提供电力。与燃气轮机发电相比，它具有以下优点：

（1）发电更节能，二氧化碳捕集系统也有足够的余热；

（2）由于烟气中的二氧化碳浓度更高，因此更容易从燃料电池中捕集二氧化碳；

（3）燃料电池具有较少的其他类型的污染物排放，如微粒、SO_x和NO_x；

（4）更低的环境噪声。

然而，燃料电池发电也存在以下一些缺点：

（1）单位功率成本较高；

（2）操作不太灵活，如快速启动和关闭时间很长；

（3）相对较高的性能退化率和维护成本。

本研究考虑的燃料电池系统来自FuelCell Energy公司。它使用熔融碳酸盐燃料电池技术。与其他公司的产品相比，该产品更加成熟、更加经济。

以下是燃料电池系统的假设：

（1）系统成本为2 500美元/kW；

（2）燃料电池系统效率为48%；

（3）燃料电池系统的维护费用为0.015美元/kWh。

生产架构示意图如图3-2所示。

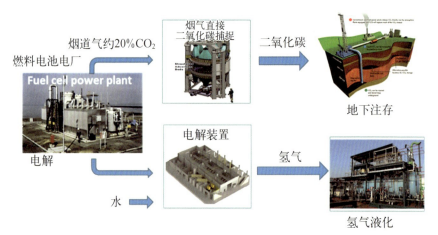

图3-2　配置燃料电池、二氧化碳捕集和电解氢的生产架构

当详细进行比较后可以发现，与SMR相比，将甲烷转化为氢气和二氧化碳似乎是一种尴尬而复杂的方式。实际上，发电和电解的过程对制氢来说是不必要的，但这样的系统是灵活的，而且容易组合在一起。考虑到其他因素，将它们在各种场景进行比较仍然很有意义。

3.2.4 可再生能源的电解水系统

在这种生产工艺架构中,电解水的电力由可再生能源产生,如太阳能或风能。可再生能源的碳标准量基于CARB的生命周期分析,风力发电为 3.3 g CO_2/MJ,太阳能光伏发电为 12.8 g CO_2/MJ。

通过假设可再生能源的电力成本,简化了经济性的计算。可再生能源发电成本不仅与设备成本有关,而且与世界某些地区可再生资源的容量因素有关。杠杆电力成本(LCOE)通常用于成本研究,各地的差异很大。

在本研究中,假设有两种情况:一种是风力发电的最佳位置,另一种是风力资源非常好的位置。美国得州是风力发电的好地方。它的容量因子可以高达42%,即平均有42%的时间可以满负荷发电。另一个非常适合风力发电的地方是格陵兰岛。它可以有60%的容量因子。在研究中我们建立了一个简单的技术经济模型来计算可再生风力发电的成本,基于该模型量数学运算如表3-1所示。

表3-1 基于技术经济模型的数学运算表

风力(MW)	负荷因子	资本(美元)	时长(年)	贴现率	资产回收系数	运维(美元)	资本收益(美元)	每年出力(kWh)	LCOE(美元/kWh)
1	0.3	1 400 000	20	0.06	0.087	15 000	122 058	2 620 800	0.052

如表3-1所示,如果容量因子为0.3,风电的LCOE约为0.052美元/kWh。如果容量因子为0.6,则风力发电LCOE为0.026美元/kWh。因此,本研究模拟了两种情景:

(1)典型情况下,假设可再生电力成本为0.06美元/kWh;

(2)有利情况下,假设可再生电力成本为0.03美元/kWh。

根据美国能源部2017年11月文件的报告,一些风电场签署了低于20美元/MWh的长期购电协议(PPA),其中最低购电协议为0.014美元/kWh。

因此，上述关于风电价格的假设是可靠的。

3.2.5 蒸汽甲烷重整（SMR）制氢和Inventys公司的二氧化碳捕集系统

如图3-3所示，这种生产架构使用SMR直接生产氢气。Inventys公司的二氧化碳捕集系统用于捕集在原料里的以及燃烧产生的二氧化碳排放。二氧化碳被压缩后注入地下，氢气被液化后作为燃料运到加利福尼亚州。

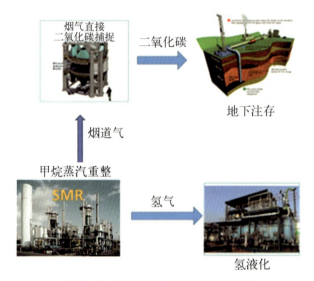

图3-3　SMR-CCS氢能生产架构

以下假设用于构建技术经济模型：

（1）SMR生产中的高温蒸汽可用于发电；

（2）假设SMR热效率为90%；

（3）SMR的成本为3 000美元/（吨氢气·年）；

（4）维护费用为：135美元/（吨氢气·年）；

（5）其他工艺数据来自IEA相关文件。

根据假设，当SMR装置的规模超过20 000吨氢气/年的时候，就会在规模经济方面取得优势。

3.2.6 电解制氧制氢、纯氧蒸汽甲烷重整制氢、Inventys 公司的燃气轮机排气二氧化碳捕集系统

如图 3-4 所示，这种生产工艺利用了氧燃烧，因此可以很容易地从 SMR 工艺中收集二氧化碳。但是，仍然需要燃气轮机发电，为包括电解系统在内的工厂用电提供电力。Inventys 公司的二氧化碳点源捕集系统仅用于从燃气轮机排气中捕集二氧化碳。通常，来自燃气轮机烟气和纯氧蒸汽甲烷重整（Oxy-SMR）的二氧化碳被压缩并注入地下，Oxy-SMR 和电解产生的氢气都被液化并作为燃料运输到加利福尼亚州。

除前几节中的假设外，其他假设如下：

（1）电解产生的氧气全部用于 Oxy-SMR；

（2）燃气轮机发电提供电解所需的电力。

Oxy-SMR 系统架构图如图 3-4 所示。

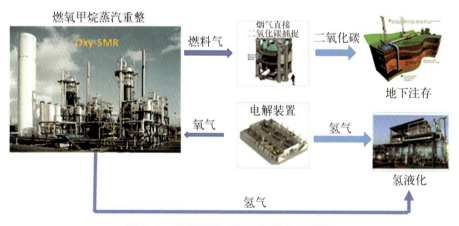

图 3-4　纯氧燃烧-SMR 氢能生产架构

3.2.7　用 Inventys 公司的系统从燃气轮机排气中捕集二氧化碳和用甲烷裂解制氢

这种生产工艺利用了新的甲烷裂解技术，即在不产生任何二氧化碳的

情况下制造氢气。燃气轮机用于发电,为工厂提供电力,进行二氧化碳压缩和氢气液化。来自燃气轮机烟气的二氧化碳被Inventys公司的系统捕集。

此生产架构的假设如下:

(1) 甲烷裂解装置的资金成本为3 000美元/(吨氢气·年);

(2) 甲烷裂解装置的维护费用为150美元/(吨氢气·年);

(3) 炭黑的副产品价值1 000美元/吨;

(4) 甲烷裂解的电力需求类似于SMR工厂。

由于甲烷裂解技术是一项新技术,一些假设仍有待进一步推断。不过,这些输入数据存在一定的不精确性,但基本上在合理的范围内,因此,总体上对结论的影响并不大。

3.3 制氢经济性的探讨

在模型研究的基础上,对7种制氢架构的经济性进行了比较分析。下文讨论了经济绩效指标,结果如表3-2所示。

3.3.1 表现最差的技术方式

在这7项技术架构中,环保性能最差的是第1项(见表3-2)。在这种情况下,产生的氢气具有非常高的单位能量碳排放(109 g CO_2/MJ,高于汽油)。其投资对环境的影响是负面的,这意味着由于其高单位能量碳排放,其排放量比市场运输中出售的常规化石燃料更严重。在将甲烷转化为氢气的技术中,第一种方法的生产工艺架构是最差的,无论从经济还是环保角度来看,它都没有任何意义。

然而,这种生产工艺架构包含最少的新技术和相对成熟的技术,很容易实现。从经济效益的角度看,不好但不是最差,而第二种方法,燃料电池发电,资金投资回报是最差的,因为燃料电池系统更昂贵。燃料电池选

表 3-2 制氢架构的经济评估分析

序号	经济评估分析架构	H_2（吨/年）	资本支出（百万美元）	氢气/天然气（吨/吨）	二氧化碳/氢气（吨/吨）	单位H_2资本支出[美元/（吨·年）]	H_2的CO_2强度（g CO_2/MJ）	营业收益（百万美元）	资本收益率（%）	CO_2减排量[吨/(年·百万美元支出)]
1	燃气轮机+Inventys二氧化碳捕集+电解	22 664.4	445	0.104	32.7	19 634	109	38.5	9.1	−116
2	燃料电池+Inventys二氧化碳捕集+电解	22 664.4	734	0.125	27.3	32 386	89	40.3	5.8	4
3	所有可再生能源电解，0.05美元/kWh	22 664.4	130	NA	0.4	5 736	3.3	83.3	77.5	1 816
4	所有可再生能源电解，0.02美元/kWh	22 664.4	130	NA	0.4	5 736	3.3	149	136	1 816
5	燃气轮机+Inventys二氧化碳捕集+蒸汽甲烷重整（SMR）	22 664.4	214	0.29	11.7	9 442	48.5	131.8	62	528
6	燃气轮机+Inventys二氧化碳捕集+燃氧蒸汽甲烷重整+电解	25 497.5	272	0.254	15.9	10 668	30	176.7	65.8	675
7	燃气轮机+Inventys二氧化碳捕集+甲烷裂解	22 664.4	182	0.19	3.5	8 030	29.7	216.1	119.6	897

项的环保性能稍好一些，因为它更节能。总之，这两种生产架构都是最不好的选择，应该在未来的规划中首先筛出。

3.3.2 甲烷制氢

对于直接从甲烷生产氢气的方案，例如蒸汽甲烷重整（SMR）和甲烷裂解，如果由Inventys公司的系统捕集二氧化碳排放，其环境和经济性能也很好。研究结果表明，甲烷裂解是最佳工艺。从资金表现到能源效率，这项技术都是赢家。它以最少的甲烷和最少的二氧化碳排放量生产氢气。

然而，这项研究中考虑的技术目前还没有扩大规模。成熟的甲烷裂解方法是不连续的，它在非常高的温度（>1 400 ℃）下运行，并且存在维护问题。德国工程师的新方法虽然解决了这些问题，但目前还在试验阶段，尚未规模化推广，没有形成商业化运作。

在传统SMR和Oxy-SMR之间，Oxy-SMR具有更好的环保性和经济性。然而，Oxy-SMR在工业上并没有真正应用，而目前世界上大部分的氢都是由传统的SMR生产的。有人可能认为Oxy-SMR是对传统SMR的重大创新，但它并不是真正的技术突破。Oxy-SMR可能只是一个系统集成和设计变更。它之所以没有发生，并不是人们不知道如何设计，而是因为没有足够的激励和商业利益来推动它。

对甲烷制氢方法的显著批评是其对环境的影响。即使是最好的甲烷制氢技术，碳在其生产过程中的足迹仍然很显著。即使它被标记为"灰氢"，也不意味着单位能量碳排放很低，只是"低一点"。如果我们推广太多，我们可能有长期被化石燃料困住的风险。另外，即便可以收集二氧化碳并埋藏在地下，但能否长期或永久地将其埋藏在地下而不出现泄漏，还没有定论。所以，我们最好的选择是把化石能源永远埋葬在地下。

3.3.3 用于电解水的可再生能源

在表3-2中，第3种和第4种方法的可再生生产架构所需的资金支出最少。这是因为我们只假设了可再生能源发电的电力成本，而模型不包括可再生能源发电本身的资金和运营支出。可再生能源用电便宜的原因不在于政策，而在于廉价的资本，因为可再生能源用电的成本主要是长期的资本性收费，比如20～30年。事实上，大多数可再生资产有很长的生命周期，比如太阳能可以达到25年。此外，太阳能光伏和风力发电机的价格在过去十年里急剧下降，在LCOE方面极具竞争力。

显然，可再生氢的环保性能是最好的，例如，使用风力发电，其CI的全生命周期评价仅为3.3 g CO_2/MJ。另一方面，如果有廉价资金建设大型可再生能源项目，或者从市场上购买可再生能源，经济效益也很好。如果可再生能源来自资源非常丰富的地区，则资本收益率可高达83%。

如果风电总装机成本按照利率7%来计算，则风能和太阳能成本约为0.06美元/kWh。与太阳能相比，目前风电具有发电能力大、政府生产税收支持力度大等优点。与美国中西部一样，风力发电购买协议（PPA）可能低于0.02美元/kWh。在某些情况下，价格低于0.015美元/kWh。在这种有利的现实条件下，技术经济的研究可以得出如下结论：

如果与风力发电厂签订购电协议用于制氢，投资将是最有效的，收益率最高。

按照假设，电站应该有91%的时间在运行。对于可再生能源，情况并非如此，因为资源具有间歇性，当然如果有电池储存电力，则另当别论。

我们在经济模型的研究里假设风力发电的容量因子为50%。这个假设并不过分，例如在俄克拉荷马州或者得克萨斯州的一些典型风电场，那里风能丰富，其容量因子可以达到51%。而且可以通过PPA获得0.02美元/kWh的风能电价，这比研究中假设的要更好。

图3-5是制氢成本对电价的敏感度的研究。很明显，氢的成本对电力成本非常敏感。为了便于和天然气比较，其中氢的成本是以美元/MMBtu来衡量的。作为进一步的信息，还绘制了液化氢的成本。如果电价低至3～4美分/kWh，生产和液化氢气的综合成本与柴油相当。这只是经济

性的比较，没有考虑到氢能源汽车驾驶时的零排放，其在应用中的环保表现非常好。

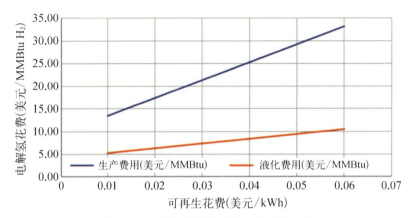

图3-5　氢成本对电力成本变化的敏感性

总之，最好的制氢方法是使用可再生能源。对热爱这个星球的人来说，绿氢的经济性到了成熟的阶段。如果时机抓得合适，这是一个巨大的业务扩张和财富创造的机会。当然，如果管理和执行不当，如同历史上其他主要产业创新一样，其起步到规模增长的过程，风险非常大。

第4章

固碳产品的经济性和环保表现

在错误的路径上前行比不作为更糟糕,主要是会浪费宝贵的资源和时间。本章利用现实的数据与经济模型揭示事实的真相,通过技术细节的探讨来全面分析多种脱碳解决方案对经济与环境多方面的影响,从而解析、明了能源和其他工业过程中脱碳的最佳路径。

首先,研究一下利用二氧化碳来制造有用的产品的想法。用二氧化碳作为原材料,通过某些工业工艺,许多产品确实可以被制造出来。如前所述,把二氧化碳作为部分原材料可以制造出液体燃料,将二氧化碳作为原料之一可以制造可生物降解塑料、炭黑和碳纤维等固体材料;二氧化碳可以简单地放回水泥来制作混凝土。本章节将对生产工艺的建模细节以及假设条件进行了讨论。通过使用第1章中列出的性能指标,采用简单的经济模型,评估了生产工艺对经济性和环保性的影响。

对于潜在方案的技术经济分析,所得出的结果只是解决迫在眉睫的气候危机的起点,真正的挑战主要在于解决方案所产生的社会问题(详见第6章)。通过案例分析,本章研究并证明了随着可再生能源在运输、发电和工业应用中而形成的新商业模式具有可行性。通过对方案的详细描述,也能够让我们一瞥没有化石燃料的未来世界。

4.1 下游产品的生产工艺与假设

4.1.1 Newlight公司的生物降解塑料

本节研究了在不同生产工艺下制造可再生物降解塑料的技术经济潜力。

1. 化石燃料中的氢

所使用的原料包含二氧化碳和氢气,以及工厂所需的热能与电能。被评估的第一个选项是通过燃气轮机产生电能、热能以及二氧化碳。此外,在这种生产工艺架构中,烟气中的二氧化碳由Inventys系统进行捕集,用燃气轮机发电,然后用电通过电解水制取氢。系统示意图如图4-1所示。

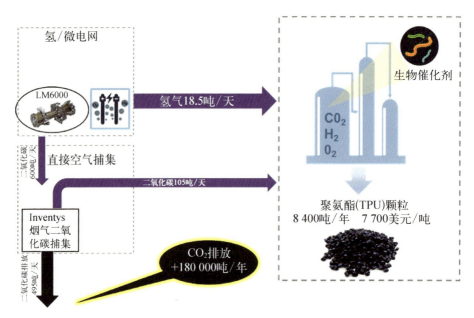

图4-1 利用燃气轮机发电的可生物降解塑料生产架构示意图

2. 来自可再生能源的氢气和来自燃气发动机烟气的二氧化碳

在这种生产工艺下,Newlight公司的生物降解塑料厂利用可再生能源代替天然气。通过可再生能源（风能或太阳能）来驱动电解装置产生氢气和氧气。但是，由于可再生能源的间歇性，塑料生产厂需要用小型燃气发电机提供持续能源，同时，Investys系统可以从发动机烟气中捕集二氧化碳。这种生产工艺架构如图4-2所示。

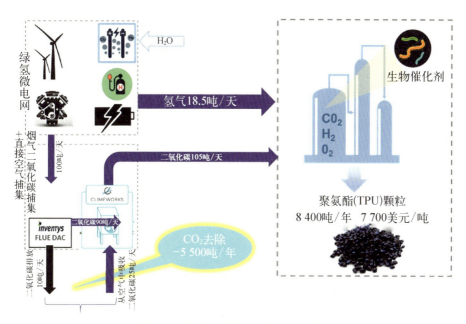

图4-2 利用绿色氢能的可生物降解塑料生产架构示意图

  这种生产工艺是建立在塑料生产厂家24小时连续运行的假设条件下的。因此，鉴于可再生能源的不可持续性，该生产工艺需要能量储存。可以选择电池储能或者氢气储能。研究发现，由于氢的能量密度高，氢气储能比电池储能经济得多。但在氢气储能系统中仍配置了小型的电池储能系统，可在短时间内平衡可再生能源的波动性，以达到稳定运行的目的。

  碱槽电解技术存在可再生电力波动的问题，而PEMEC可以应对供电的上下波动。可再生能源假设由附近的太阳能或风电场通过购电协议（PPA）提供，因此，风电场的资本支出不包括在经济性计算中。

如果在风能和太阳能资源丰富的偏远地区建设太阳能或风电场,获取CO_2的成本可能会更高,因为不能从燃烧化石能源中获得,而从空气中捕集二氧化碳的成本要比从集中来源捕集昂贵得多。如果从点源捕集,点源的燃料成本将比这些地方更高,在美国可能为2.5美元/MMBtu,而在智利或格陵兰岛则为8美元/MMBtu。在具有丰富的可再生能源的地方,假设利率为8%,风能或太阳能的成本可以低至0.02～0.03美元/kWh。

3. 来自可再生能源的氢气和从空气中捕集的二氧化碳

这种生产工艺是通过制造PHA(可降解塑料)来完全摆脱化石燃料,如图4-3所示,用DAC系统从空气中捕集二氧化碳,电能和热能由可再生能源提供。为了确保工厂能24小时连续运行,采用氢燃料电池系统来提供生产所需的电能与热能。

图4-3 利用所有可再生能源的可生物降解塑料生产架构示意图

当可再生能源可用时,通过其为电解装置供能产生氢气,然后氢气被压缩并储存在氢气压力容器中。在这种生产工艺架构下,塑料生产厂所需的热量也可以通过氧燃烧或热泵提供,这在第2章已经讨论过。

此外，在可再生能源可行的情况下，为了节约能源，生产工厂可通过热泵从电能中获取热量。尽管增加了热泵的设备成本，但由于电解槽和储氢设备的尺寸可以更小，而且PHA生产厂能够利用低品位热源，总体资本支出可节省5%～8%。

相比使用绿色氢气为燃料电池系统提供动力，驱动热泵所需的电力要少得多，因此可以节省运行成本。燃料电池系统并不是生产热能的有效装置。热泵可以将电能更高效地转化为热能，转化比例在1∶3～1∶4之间。可节省的运营成本预计在3%～6%，当然，这取决于系统集成和其他因素。

4. 输入数据和假设

塑料产品的销售价格取决于塑料的种类。作为原材料，大多数种类的塑料通常随着大宗商品以1～3美元/磅的价格出售。一些特殊塑料，如可生物降解的PHA可以获得更高的出售价格。热塑性聚氨酯（TPU）之所以有更高的出售价格，是因为它们的自然属性适用于各种用途，如柔韧性和耐磨性。在本书中，我们假设最终产品是TPU，可以3.5美元/磅的价格进行商品销售。TPU是由PHA与一些添加剂（如某些填充材料）所制成的。

制造PHA以甲烷或者二氧化碳和氢气为原料。在本书中，我们假设原料是CO_2和H_2。PHA与CO_2和H_2的比率如下（以质量计算）：

$$H_2 : PHA = 1.58$$
$$CO_2 : H_2 = 4.88$$

PHA工厂的成本支出取决于其建设规模。以年产量5 000万磅PHA的工厂为例，每吨PHA的支出成本约为2 200美元。如果工厂规模增加1倍，由于规模效应，其成本则只会增加约60%。

除原料外，PHA工厂的运营成本还包括水电供应、化学消耗品、劳动力、土地和保险等费用。如果电费约为0.03美元/kWh，则运维费用约为940美元/（吨PHA·年）。

4.1.2 可再生乙醇

如前一节所述,将二氧化碳和氢气转化为燃料有不同的方法。在经济性研究中,它只考虑 Wood-Ljungdahl 路径。这项技术是由 LanzaTech 公司和其他公司联合开发的。比较下来,由于 LanzaTech 公司是商业上最成熟的公司,因此输入的数据将基于 LanzaTech 公司的工艺生产架构。

该架构主要有两种不同的生产工艺,如图 4-4 和图 4-5 所示。图 4-4 使用化石燃料发电来运行工厂,并把二氧化碳作为原料。而图 4-5 使用可再生能源,并从空气中捕集二氧化碳。

在图 4-4 中,氢是由 Oxy-SMR 工艺产生的,在这种生产架构中,电厂电源由燃气轮机提供。对于图 4-5,假设所有能源都来自可再生能源。DAC 的热量来自可再生能源驱动的热泵,而电池用于储存可再生能源,因此工厂可以 24 小时全天候运行。

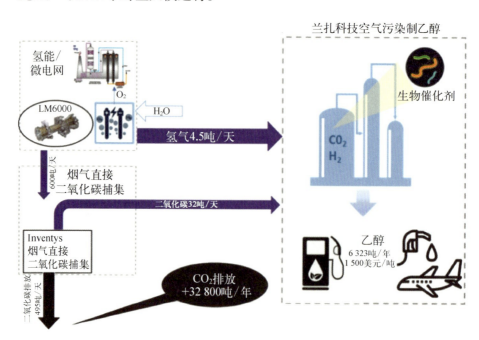

图 4-4　LanzaTech 用 Oxy-SMR 和电解水制氢的乙醇生产架构

◎ 第4章 固碳产品的经济性和环保表现

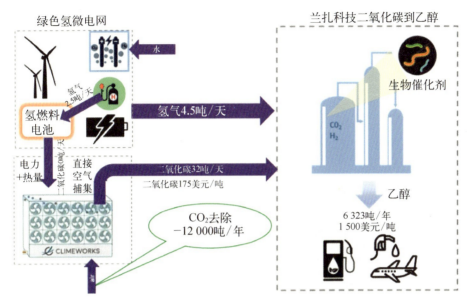

图4-5　LanzaTech用可再生燃料制氢的乙醇生产架构

- 假设

乙醇作为商品在市场上的交易价格约为每加仑1.5美元。然而，由于在本书中乙醇是由捕集的二氧化碳制成的，因此它符合EPA和加州低碳燃料标准（LCFS）制定的联邦可再生燃料标准（RIN）的激励措施。有关RIN和LCF的详细信息，请参阅第1.4节。RIN的售价为每加仑1.4～1.5美元。

原料为CO_2、CO和H_2。比率（基于质量）如下：

$$H_2 : CO_2 = 0.277$$

$$H_2 : CO = 0.365$$

$$H_2 : C_2H_6O = 0.22$$

发电设备为燃气轮机，额定功率31 MW，效率40%。燃机的资本支出为800美元/kW，总装机成本为24.8百万美元。运营维护费用为372万美元/年。该燃机的二氧化碳排放量为127 410吨/年，二氧化碳排放量为162 271吨/年。来自燃气轮机的电力供应给SMR工厂、电解装置、二氧化碳捕集系统、二氧化碳压缩和注入系统以及LanzaTech乙醇工厂。

除了生产一氧化碳和二氧化碳外，Oxy-SMR系统每年还生产20 497吨氢气。假设二氧化碳是纯氧燃烧产生的，直接输送至二氧化碳供LanzaTech电厂使用。一氧化碳也来自Oxy-SMR，全部用于LanzaTech电厂。然而，二氧化碳不能全部用于LanzaTech电厂，为了提高油田采收率（EOR），多余的二氧化碳被压缩并注入地下。Oxy-SMR每年的资本成本约为6 200万美元，运营成本为280万美元。假设电解槽中的所有氧气都用于Oxy-SMR，Oxy-SMR产生的蒸汽能供应汽轮机产生约3.3 MW的发电能力。

电解水系统每年生产约15 000吨氢气。电解效率约为78%（以HHV计算）。电解槽的资本成本约为800美元/kW，总计1 900万美元。运营和维护费用每年约为100万美元。

还包括从燃气轮机的烟气中捕集二氧化碳的系统（Inventys公司）。它消耗约2 MW功率和632吨蒸汽/天，捕集342吨CO_2/天。该系统的成本约为2 400万美元，每年需要160万美元才能运行。

乙醇厂的生产能力为115 898吨/年。资本支出为1.27亿美元，每年的运营支出为1 200万美元。

利用风力发电制氢，电力成本假定为0.02美元/kWh。

LanzaTech工厂的固定资产投资对于大型工厂来说，大约是1 000美元/吨乙醇（年生产量），但如果所有的能源都使用可再生能源，固定资产投资要高得多，为3 200美元/吨乙醇。当然，固定资产只是生产成本的一部分。

4.1.3 从二氧化碳到甲烷

二氧化碳和氢气能够直接催化合成甲醇，可以替代传统的费-托法。如前所述，采用费-托法（FTP）可从含有一氧化碳和氢气的合成气中制取乙醇。目前，LanzaTech公司已经开发出一种生物催化剂的方法来达到同样的效果。

◎ 第4章　固碳产品的经济性和环保表现

当涉及如何转化氢气和二氧化碳时，事情可以有另外一些解决途径。二氧化碳是从空气中捕集的，氢气是通过电解水制成的。先前的工艺是，它必须先从二氧化碳中提取一氧化碳，这一步可以通过电化学方法进行，也可以在更高的温度（>800 ℃）下使用传统的反向水气置换反应，但该工艺成熟，但能耗高，工艺复杂。

如果我们使用低成本可再生能源中的氢气和从空气中捕集的二氧化碳来直接制造用于交通领域的燃料，如乙醇或甲醇，那么我们就可以找到一条清洁的能源道路，这样就不需要化石燃料。这是一条可行的技术路线。

除了利用生物技术生产乙醇的Wood Ljungdahl路径之外，企业的研究人员正在开发其他类型的技术以直接用二氧化碳和氢气生产甲醇。从经济和环境角度来看，与传统工艺（FTP）相比，该工艺具有一定的优势。这项技术从纯二氧化碳和单独的纯H_2开始实施，而不是像合成气那样，是一氧化碳、二氧化碳和氢气的混合物。这简化了化学过程，因此也改变了传统甲醇生产工业装置的反应和净化过程。

其核心优点是，反应杂质基本上仅限于水和甲醇中溶解的二氧化碳。这种从二氧化碳和氢气制甲醇的新工艺利用了FTP的成熟度，但不增加处理杂质和原料变化的复杂性。这是因为FTP工艺的催化剂对原料要求非常高，而用生物催化剂的Wood Ljungdahl路径工艺方法则没有这个要求，但也有一些缺点，比如成品甲醇中明显存在二氧化碳气体，必须对二氧化碳进行生产后清理。相比之下，合成气中的杂质也会在成品中产生一些有害物质，这在传统方法中可能更难去除。

甲醇工艺流程图与LanzaTech公司的工艺相似，可参考图4-4，其中生物反应器被一个催化合成器取代。

- 假设

甲醇作为商品在市场上的交易价格约为每加仑1.25美元。然而，由于在文中甲醇是由捕集的二氧化碳制成的，因此根据EPS的联邦可再生燃料标准（RIN）和加利福尼亚低碳燃料标准（LCFS），甲醇有资格获得奖励。有关RIN和LCF的详细信息，请参阅相关文献。在本章中，销售价格可以假设在每加仑3.0美元到4.0美元之间。

原料是二氧化碳和氢气。比率（基于质量）如下：

$$H_2 : CO_2 = 7$$
$$H_2 : CH_3OH = 0.2$$

电解槽系统每年生产约2 973吨氢。电解效率约为78%（以HHV计算）。电解槽的资本成本约为800美元/kW，总计2 100万美元。运营维护费用约为110万美元/年。

还包括从空气中捕集二氧化碳的系统（Climeworks）。它消耗约0.37 MW的电力和58吨蒸汽/天，捕集34吨二氧化碳/天，12 000吨/年。该系统的成本约为1 500万美元，每年需要20万美元来运行和维护。

乙醇厂的生产能力为8 600吨/年。资本支出为1 700万美元，运营支出为240万美元/年。建造这座工厂的资本成本数据来自国际碳循环公司（CRI）在冰岛的项目。

在LanzaTech公司的乙醇生产工艺中，需要蒸汽将乙醇从生物催化剂中剥离出来。对于所有可再生能源，燃料电池系统用以提供DAC系统释放/收集捕集的二氧化碳所需的热量。然而，DAC过程所需的热量可以有不同的点源，例如由可再生电力驱动的热泵，或者仅仅是电网。由于甲醇催化合成过程是放热过程，部分热能需求来自合成过程以及来自热泵。

假设需要一个电池储能系统来平衡短期变化的风力发电的波动，电池可支持12 min，额定功率7.4 MWh。如果我们假设电池系统的成本为300美元/kWh，则每年的资本支出为220万美元，运营成本为30万美元。

对于利用风力发电制氢，发电成本最有利的情况假设为0.02美元/kWh，典型情况假设为0.06美元/kWh。

4.1.4 氨和化肥

要制造肥料,首先需要制造氨。氨除了肥料以外还有其他用途,但主要用于制造氮肥。氨不仅是化肥的原料,也是能量的载体。它可以转换回氢气作为燃料。或者,氨可以用燃料电池技术或直接通过燃气轮机燃烧来发电。当然,氨燃料电池目前还在研发中,而氨燃气轮机的氮氧化合物排放是个问题。

1. 制氨工艺

20世纪初,德国化学家哈伯(Fritz Haber)和实业家博施(Carl Bosch)发明了合成氨,这是人类历史上的重大发明之一。哈伯法将氮和氢结合成氨。反应是可逆的,氨的生成是放热的。

$$N_2(g) + 3H_2(g) \rightleftharpoons 2NH_3(g), \Delta H = -92 \text{ kJ/mol}$$

哈伯法的流程图如图4-6所示。

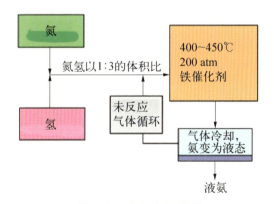

图4-6 哈伯法流程图

2. 尿素工艺

尿素是一种氮肥,由氨和二氧化碳制成。这个过程包括两个主要的平衡反应,反应物的转化并不完全。第一种是氨基甲酸酯的形成:液氨与气态二氧化碳(CO_2)在高温高压下快速放热反应生成氨基甲酸铵

（$H_2N—COONH_4$）。

$$2NH_3 + CO_2 \rightleftharpoons H_2N—COONH_4 \quad (\Delta H = -117 \text{ kJ/mol，在 110 atm 和 160 ℃})$$

第二种是尿素转化：氨基甲酸铵缓慢吸热分解为尿素和水：

$$H_2N—COONH_4 \rightleftharpoons 2CO(NH_2) + H_2O \quad (\Delta H = +15.5 \text{ kJ/mol，在 160～180 ℃})$$

氨和二氧化碳向尿素的总转化是放热的，由第一个反应的热驱动第二个反应。与所有的化学平衡一样，这些反应符合平衡移动原理，最有利于氨基甲酸酯生成的条件对尿素转化平衡有不利影响。因此，工艺条件是一种折中：第二个反应所需的高温（约190 ℃）对第一个反应的不良影响通过在高压（相当于140～175 kg压力）下进行工艺性补偿，这有利于第一个反应。

虽然有必要将气态二氧化碳进行压缩，但氨可以从氨厂以液态形式获得，这样能够更经济地泵入系统。为了使缓慢的尿素生成反应达到平衡，需要较大的反应空间，因此大型尿素装置的合成反应器往往是一个大型压力容器。

同样，本章中的案例只考虑了可再生能源的情况，即通过可再生能源电解水产生氢气。氮气和二氧化碳来自空气。氮气通过低温过程从氧气中分离出来，二氧化碳通过固体吸附剂技术直接从空气中捕集，如前所述。

甲醇工艺流程图类似于图4-5中的LanzaTech工艺流程，其中生物反应器被Haber-Bosch反应器和尿素合成装置所取代。

这是生产绿色肥料的过程。

- 假设

尿素作为商品在市场上的交易价格约为500美元/吨。然而，由于

第4章 固碳产品的经济性和环保表现

在本研究中尿素是由捕集的二氧化碳制成的,因此应该有资格获得一些激励。不幸的是,美国联邦或地方政府没有具体的标准直接适用于使用可再生能源生产肥料。只有联邦45Q税法(详见第1.4节)可适用于使用二氧化碳作为生产原料。因此,我们假设二氧化碳税收抵免为50美元/吨。

原料是二氧化碳和氢气。比率(基于质量)如下:

$$H_2 : NH_3 = 0.1765$$
$$H_2 : N_2 = 0.21$$
$$CO_2 : NH_3 = 1.29$$

电解槽系统每年生产约1 647吨氢。电解效率约为86%(以HHV计算)。电解槽的资本成本约为600美元/kW,总计1 100万美元。运营维护费用约为80万美元/年。

还包括从空气中捕集二氧化碳的系统(Climeworks)。它消耗约0.37 MW的电力和58吨蒸汽/天,捕集34吨二氧化碳/天,12 000吨/年。该系统的成本约为1 500万美元,每年需要20万美元来运行和维护。

合成氨装置的生产能力为9 330吨/年。资本支出为500万美元,运营支出为30万美元/年。

由于氨催化合成过程是放热的,DAC工艺所需的热量来自无需额外运营成本的工厂余热。

氨厂和DAC全天候运行,而电解槽只有在刮风时才开启。氢气由地面储槽供应,以在电解槽不运行时保持装置运行。当电解槽开启时,它会产生额外的氢气,并将其压缩至一个储槽。根据国家可再生能源实验室(NREL)的报告,我们假设压缩系统成本为1 500美元/kW,存储系统成本为15美元/kWh。运维成本约占总装机成本的6%。

对于利用风力发电制氢,发电成本最有利的情况假设为0.02美元/kWh,典型情况假设为0.06美元/kWh。

4.2 经济性讨论

对前一节中描述的脱碳路径进行建模和分析，根据第1章提出的指标对其经济和环境影响进行了评估，主要结果如表4-1所示，其中每个格子的颜色表示其性能水平，绿色有利于环境。

4.2.1 可再生氢燃料

分析结果表明，氢气作为燃料具有最好的环境和经济效益，对投资者来说是一笔非常好的投资。它在经济上优于所有其他二氧化碳下游产品。具有讽刺意味的是，氢并不是二氧化碳的下游产物。作为燃料，氢不涉及二氧化碳，既不排放，更不用封存。氢燃料在经济中的作用是取代化石燃料，避免化石燃料燃烧后的二氧化碳排放。此外，氢在许多应用中可以是独立的燃料，而不仅仅是碳氢化合物产品中的能量载体。因此，它确实应该在表4-1中有一席之地。

氢的优越经济性来自4个因素：

（1）LCFS补贴，仅此一项激励就价值4.8美元/kg，在某些情况下超过了可再生能源电价的生产成本；

（2）氢在车辆应用中有更高的效率，例如轻型车辆的能源经济性能比（EER）为2.5，火车为4；

（3）电解水的副产品氧气也有价值；

（4）电价较低，例如美国中西部一些送不出去的风电，风电价格约为0.02美元/kWh，并可以签订长期购电协议（PPA）。

氢作为我们经济运行的燃料的真正问题是，它有增长空间吗？这个答案是肯定的，它一定有很大的增长空间。氢气，理论上可以改变我们的经济，在某种意义上可以改变我们的文明。但它首先面临一些技术挑战。它体积太大，不好运输。根据模型分析，氢气液化系统占整个液氢生产成

◎ 第4章　固碳产品的经济性和环保表现

表4-1　产品路径及其对经济和环境影响的评估

产品路径	产品(吨/年)	资本支出(百万美元)	单位资本支出[美元/(吨/每年)]	单位能量生产的碳排放量(g CO_2/MJ)	净 CO_2 封存[吨/(年·吨产品)]	CO_2 减排量[吨/(年·百万美元支出)]	营业收益(百万美元)	资本收益率(%)
所有可再生能源电解, 0.02美元/kWh	22 664	130	5 736	3.3		1 816	149	136
燃气轮机+Inventys二氧化碳捕集+燃氧蒸汽甲烷重整	25 497.5	272	10 668	30		675	176.7	65.8
乙醛, 兰扎科技, 燃氧蒸汽甲烷重整	115 898	258.1	2 227	71.2		258	50.7	19.6
乙醛, 兰扎科技, 风能+直接空气捕集, 0.02美元/kWh	6 323	50	7 908	−70		244	8.4	17
生物降解塑料, 新光公司, +直接空气捕集, 0.02美元/kWh	12 911	189	14 639	NA	−0.63		28	14.7
生物降解塑料, 新光公司, 风能+直接空气捕集, 0.02美元/kWh	12 911	206	15 955	NA	8		27	13.5
生物降解塑料, 新光公司, 燃氧蒸汽甲烷重整	16 159	230	14 234	NA	−0.86		66	28.8
乙醛, 风能+直接空气捕集, 0.06美元/kWh	78 625	246.2	3 131	34.8		351	46.5	18.9
乙醛, 风能+购买CO_2, 0.06美元/kWh	78 625	204	2 595	−62		1 165	45.2	22.1
乙醛, 风能+直接空气捕集, 0.02美元/kWh	8 600	47	5 465	−62		548	4.5	9.6
氨(尿素), 风能+直接空气捕集, 0.02美元/kWh	9 330	33.4	3 580	−61		781	7.5	22.5
氨(尿素), 燃氧蒸汽甲烷重整	144 650	226.2	1 564	42.1		569	67.7	29.9

本的20%以上。如果液氢长途运输，成本将再增加10%～20%。

另一个问题是氢气的安全处理。氢气极为易燃，燃点的范围非常大，燃烧下限为4%，上限为75%，只需要很少的能量就能点燃它。然而，氢通常被认为是安全的，因为它的分子很轻，可以在空气中迅速稀释。

不幸的是，氢增长的主要问题更多的是一个政治问题，而不是技术问题。如果我们使用可再生氢和从空气中捕集的二氧化碳来制造碳氢化合物燃料，如乙醇和甲醇，对环境同样有利。不同之处在于，碳氢燃料是让当今社会经济的引擎正常运行的燃料，而氢燃料则会扰乱一些行业，如汽车及其相关供应链、化石燃料行业、交通运输行业等。

这种能源使用的转变可能使数万亿美元的现有基础设施一文不值，数百万人必须找到需要新技能的新工作。如果转型过快，就会引发社会动荡。最重要的是，当前的社会并不能够一夜之间迅速改变其能源使用，人类社会的组织方式和地理环境的限制也不能让人口非常容易地自由流动。这种大规模行业转型、人口迁移在和平时代是不可想象的。

4.2.2 可降解的塑料

由于缺乏大幅度的激励措施，生产可降解的塑料的经济性不是很好。即使它有很好的环境绩效，由于产业体量太小，激励政策没有覆盖它。在学者们评估的三个案例中，二氧化碳排放量非常小，甚至为负值。其中一个案例，每生产1吨塑料就封存8吨二氧化碳。然而，没有可用的政策可以适用于可再生原料的塑料制造，因为这是一项非常新的技术，激励措施主要集中在燃料上。

由于没有太多来自环境政策的激励，经济分析的结果是，化石燃料使用越多，投资收益率就越高，几乎是非化石燃料方法的2倍。此外，在高化石燃料的情况下，主要涉及二氧化碳捕集和地下注入，从提高EOR中获得好的收入，这大大提高了运营利润率。有趣的是，使用小型发动机的烟气二氧化碳捕集来为生物过程提供二氧化碳原料，其经济性并不比从空气中捕集二氧化碳好。然而，当DAC方法使塑料生产的二氧化碳时其碳排放为负值,即将以前的气态二氧化碳作为固体放入塑料中。

制造生物降解塑料的盈利能力主要归功于风力发电的低成本。如果风力发电超过0.04美元/kW时,那么企业将开始亏损。

所有可再生能源制成的可生物降解塑料可以从空气中吸收二氧化碳,并且可以抵消目前由化石燃料制成的不可降解塑料造成的环境污染。但为了使其具有较强的商业竞争力,需要设计和实施适当的激励措施。

4.2.3 可再生乙醇和甲醇

1. 乙醇

LanzaTech公司的乙醇生物反应器的经济效益评估还可以,年投资回报率可以达到两位数。然而,这是在假设氧气价值为200美元/吨的基础上的,这虽合理,但具有不确定性。如果氧气卖不出去,那么这个工艺过程就无利可图。

从环境角度来说,全部使用可再生能源的小型工厂更好,但是,即使风力发电价格非常低,为0.02美元/kW时,就经济性而言,它的收益略低。这是因为小型工厂的资本成本较高。此外,由于假设使用风力发电,而乙醇厂必须连续运行,风力发电是无法24小时全天候提供的。因此,必须配置其他系统。氢气压缩和储存系统需要平稳运行以应对风力发电的波动。不过,全部使用可再生能源在经济上并不比采用Oxy-SMR差多少,但是,很明显它具有更好的环保性能。

对于全部采用可再生能源,生产乙醇的成本主要来自资本成本(56%)。假设风电价格为0.02美元/kWh,风电消耗约占总成本的39%。如果风电价格较高,那么成本结构就会发生变化。

如果我们看原料成本的贡献,制氢成本约为40%,而二氧化碳系统(DAC)约为总成本的17.5%。

2. 激励措施对二氧化碳减排的有效性

很明显,盈利能力依赖于对可再生乙醇的激励措施(政策)。如表4-2

所示，如果没有这些激励，工厂将亏损。如果只使用RIN信用，企业将表现不佳。即使是把RIN和LCFS都加上，两者相加也没有能提供太多的商业价值。然而，这项技术的真正问题是它对盈利能力的高额补贴要求。通过模型分析，可以很容易地将补贴转化为二氧化碳的价格。从某种意义上说，关键在于通过对可再生能源乙醇的补贴，可以避免产生多少二氧化碳。计算下来（表4-2），RIN+LCFS应用于乙醇相当于不从地下开采1吨二氧化碳的成本（约为600美元），或者说避免1吨的二氧化碳排放的代价是600美元。

表4-2　激励措施（政策）在二氧化碳减排中产生的收益

	与商品价格的差异（美元/加仑）	补贴（美元/吨）	二氧化碳价格（美元/吨）	盈利能力
目前的差别	1	333	166.5	亏损
可再生燃料信贷	2	666	333	不好
可再生燃料信贷+低碳燃料标准补贴	3.6	1 198.8	600	一般

换言之，需要每吨600美元的碳价格，它可以在经济上使生产可再生燃料与化石燃料竞争。

即便如此，与气候变化可能造成的损害相比，这也可能是一笔可以做的交易。但是，600美元/吨的二氧化碳价格仍然太高了。以这样的价格，如果我们需要每年减少6.2%的二氧化碳排放量来实现2℃以下的全球增温目标（详见附录A1），每年的成本将超过1.5万亿美元。事实上，有更多更经济、更有效的方法来减少二氧化碳的排放（见以下章节）。

3. 甲醇

甲醇作为一种可再生燃料，虽然采用不同的工艺生产，但其经济性和环境影响均接近乙醇。在甲醇生产的三种不同路径中，购买二氧化碳的经济性最具吸引力。因为购买二氧化碳，它可以节省昂贵的DAC的投资。此外，DAC技术的可行性尚未得到商业性证实。如果想要有环保意义，则要求全部采用可再生能源。这样的话，由于在氢气压缩和储存方面的额外支出，经济性就不那么有吸引力了。对盈利能力影响最大的因素是工厂每天能开机生产的时间因素。如果由于风力发电的间歇性而不能每天24小时运行，这意味着电解槽等资产没有充足的经济收益，因此经济效益会比较差。

使用催化合成通过氢气和二氧化碳生产甲醇的成本可分解为：

（1）资本支出：40%；

（2）运营成本：60%。

假设电费为0.02美元/kWh，利率为8%。

氢气（H_2）成本约为甲醇总成本的35%。另一方面，二氧化碳捕集的投入（如DAC系统）约占总成本的15%。如果我们从市场上购买二氧化碳，假设价格为50美元/吨，则成本约为总成本的6%。因此，工程中更多是从市场购买二氧化碳而不是通过DAC来生产，是一个经济合理的选择。

与可再生乙醇相比，可再生甲醇避免二氧化碳排放的经济性是相同的。如果采用RIN和LCFS，避免二氧化碳排放的成本也为600美元/吨。

4. 风电价格敏感度

盈利能力与风电价格有关。如图4-7所示，如果风电价格介于0.01～0.02美元/kWh之间，利用可再生能源（风电）生产甲醇的投资可以在大约

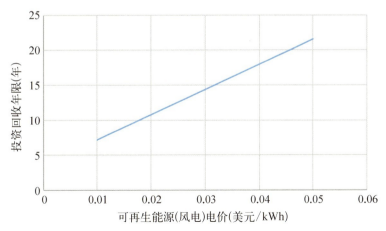

图4-7 产量对风力发电价格的敏感度

10年内收回。而如果电价超过0.05美元/kWh时，那么投资就很难收回。

这些成本数据是基于许多工艺过程和输入数据来假设的。因此，在解释它时要小心。也许最被忽视的因素是工厂规模和技术上的累计投资。到目前为止，数据来自有限的试点工厂，这项技术仍处于起步阶段。如果工艺改进，技术成熟，成本会迅速下降，投资回报会更好。工艺流程的效率和大量资本的投入有关，因为该领域的产业规模会随着总投资增加而增加。

4.2.4 氨（尿素）

此外，可再生氨或尿素产品是另一个脱碳的好路径。模型分析表明，可再生氨的投资回收期为4～5年。采用Oxy-SMR对环境的影响较小，但更具商业意义，资本收益率约为30%。另一方面，全部采用可再生能源也不差，其资本收益率约为22.5%，投资回收期不到5年。与其他情况一样，全部采用可再生能源仅在风力发电时运行电解装置。如果它能制造更多的氢气用于储存，并在风电缺失后用于氨反应器，经济性会更好。否则，经济性就会受到一定的影响。

制造氢气的成本再次成为成本结构的主要部分。超过50%的氨化成本与制氢有关。另一方面，原料里氮气的成本不高，不到总成本的5%。

在可再生资源丰富的地方生产的氨在经济上是可行的，在常温条件下可以作为液体运输。最重要的是，氨的市场是存在和增长的。氨可以直接或在分解后，在燃气轮机中燃烧发电，一旦开始规模运行，业务可以迅速扩大，并在能源、运输和农业中有乐观的市场前景。

4.3 产品路径的环境影响比较

在回顾了产品路径的性能之后，很明显，如果没有政策激励措施，

◎ 第4章　固碳产品的经济性和环保表现

所有采用可再生能源的业务都没有商业竞争力，只有一个是例外的，就是把氢作为交通工具的燃料。然而，氢作为燃料，特别是作为运输燃料，并不普遍。即使在许多国家政府和企业的帮助下，市场的发展仍然将需要数年的时间。一方面，它需要规模和数量来降低成本。另一方面，如果价格太高，市场和规模就不会成长起来。因此，氢气基础设施的投资具有一定的风险。从环境保护的角度来看，氢气是未来脱碳的关键，不仅在能源领域，在交通运输、工农业领域也是如此，未来的影响将是巨大的，这是值得冒的风险。与气候变化的风险相比，这种风险微不足道。

第二个最好的产品路径是可生物降解塑料。在经济分析中，该产品路径的盈利能力相当不错。生物降解塑料的需求预计会增长，但如果我们过快地扩大生产规模（因为只有大规模生产才能对二氧化碳的浓度产生影响），供应可能会增长得更快，而需求则不会增长太快，对塑料产品的需求必定有限，供便会大于求。因此，到最后，可生物降解塑料的盈利价格可能不会持续太久。不管怎样，从长远来看，可生物降解塑料都是一个不错的产品路径，但它对气候变化的影响不大，因为其二氧化碳封存量与所需要的减少排放的二氧化碳量相比并不是很大。它的环保价值是避免了一些二氧化碳的排放。

可再生的甲醇和乙醇在利用二氧化碳方面基本上属于灰色循环。它捕集二氧化碳作为原料，并与氢气合成为可运输燃料，可作为柴油或汽油的替代燃料。但在它们燃烧过程中，二氧化碳又会释放回大气中，形成闭环。它不会直接降低空气中的二氧化碳浓度。在这个循环中，二氧化碳相当于作为氢能的载体，使氢气易于运输，并可以使用现有基础设施进行燃烧。然而，合成的过程是相当烦琐和复杂的，因此，即使考虑到现有的激励措施，如RIN和LCFS，它也没有很好的经济性。

乙醇和甲醇的第二个问题是它们明显的优势，也就是可以使用现有的基础设施进行燃烧。然而，化学燃料燃烧会产生有毒的污染物，释放温室气体。与化石燃料相比，可再生甲醇和乙醇燃烧产生的有毒污染物较少，但仍会产生有害物质，如氮氧化物，这是空气中PM2.5污染物的来源。

除了从氢气和二氧化碳生产出来的可生物降解的塑料，其他的产品路径都是二氧化碳灰色循环。它们并不能够降低空气中的二氧化碳浓度。可再生氢燃料不涉及二氧化碳，它是由水和可再生电力生产的，并被用作推动经济发展的燃料。而可再生的甲醇和乙醇只使用二氧化碳作为氢的载体，以避免在地下挖掘更多的化石燃料。这些产品路径似乎对已经存在于空气中的二氧化碳没有任何作用，而空气中二氧化碳正在吸收热量使地球变暖。

人类释放的二氧化碳量几乎是空气中原有的二氧化碳浓度的2倍。现在的二氧化碳浓度水平是过去200万～300万地球年内最高的。更可怕的是，预计在未来几十年内每年将增加2～3 ppm。

想象一下，现在大雨倾盆，而水库大坝的压力已经很大。即使所有的泄洪通道都是开着的，水位也在不断上升。那么问题是，我们应该停止降雨还是打开更多的泄洪通道。我们认为两者都需要。为了逆转全球气候变化，可能需要从空气中捕集碳，并将其转化为固体或远离大气置于地下。但最重要的是，人类首先需要停止向空气中排放二氧化碳。

实际上，自然界有它独特的方法（释放机制）来从大气中吸收二氧化碳，比如树木和植被（详见附录A1）。一些海洋生物还将二氧化碳从海洋中封存并沉入海底。因此，如果我们能阻止二氧化碳排放到大气中，而大自然会对二氧化碳起到吸收净化的作用，空气中的二氧化碳的浓度（目前的水平是415 ppm）就会下降。假如说，停止二氧化碳排放或将二氧化碳排放量减少到某个基数以下，比如说，这个基数是每年100亿吨，少于大自然对二氧化碳将近200亿吨的吸收量，那么我们就开始了一条逆转气候变化的道路。它可能不够快，但它将象征着一个转折点（二氧化碳浓度峰值）。需要说明的是这不是"碳达峰"，而是"碳中和"。二氧化碳的浓度不再增加，只是一个中间目标，人类最终的目标是让空气中的二氧化碳的浓度降低到工业化前的水平。专家认为350 ppm是一个比较安全的水平。

需要说明的是,二氧化碳浓度峰值点并不是全球温度峰值点。由于我们这颗行星是一个巨大的热力系统,热惯性比较大,因此温度会有一个热惯性,峰值温度将出现在10～20年后,甚至更长。

前面提到,从大气中吸收二氧化碳是一项艰巨的技术挑战,而且在经济上缺乏启动和规模化的机制。然而,当国际社会认为空气中的二氧化碳太多,不可以仅仅依靠大自然来很快地完成这项工作时,我们也许就会开始实施DAC和向地下注入并封存二氧化碳的工程。这将是非常昂贵但是可以实现的。

从管理和分配资源的角度来看,一般总是要首先来办理更紧急和更有影响的事情,这样更合理。所以说,从现在到2050年前,减少二氧化碳的排放量比从空气中捕集二氧化碳更有意义。在我们显著减少二氧化碳排放量之前,实现负排放的二氧化碳技术是不会有效的,而且可能不会有资源支持。

表4-3是本节讨论的摘要。可再生氢是逆转气候变化的主要途径。因为它可以在经济上与化石燃料竞争,这样它就有潜力使人类能在能源的所有方面进行脱碳,包括工业、农业这些人类生活的基础。在4-3表中,氢燃料的销售价格更高,因为氢燃料汽车的能源效率是汽油汽车的2.5倍。在加州的低碳燃料中,氢的能源经济比(EER)为2.5。要推进氢经济的发展,我们需要的是在政府的大力参与和企业的投资下开发和建设基础设施。

氨是另一种在经济和环境绩效方面得分较高的生产路径。氨不仅是肥料,还是氢的载体。与氢作为运输燃料一样,基础设施也需要进一步发展,以便将氨应用于化肥工业以外的部门。化肥本身是一个非常大的行业,因此可再生氨也许可以视为一个起点,从此点通向氢经济。

表4-3　燃料在经济和环境上的比较

燃料	产品花费（美元/MJ）	补贴（美元/MJ）	售价（美元/MJ）	利润（美元/MJ）	应用	基础设施	逆转气候变化
可再生氢	0.022	0.04	0.042	0.06	电力、运输、工业、化工	待开发建设	+++++
可再生乙醇	0.05	0.04	0.019	0.009	运输、化工	现有基础设施的小幅修改	+++
可再生甲烷	0.057	0.04	0.02	0.003	运输、化工	现有基础设施的部分修改	+++
可再生氨	0.04	0.04	0.027	0.027	化工、肥料、电力	建设电力部分,其他已有	++++
化石天然气			0.022		电力、运输、工业、化工	交通建设	---
化石汽油			0.028		电力、运输、工业、化工	已有	-----

第5章

运送低价可再生能源到异地的经济性分析

5.1 研究概述

能源在世界各地被不断地从资源丰富的地方输送到资源贫乏的地方，因为有些国家和地方拥有更多的自然能源，如化石燃料、太阳能、风能和水力，而有些地方则缺乏这些资源。能量不仅仅以分子的形式存在，也可以是以电子的形式存在。能源的交通运输网络则是支撑现代文明非常重要的网络。

太阳能、风能和水能等可再生电能在转化成液氢、甲醇或氨后，也有可能在世界各地跨洋转移，因为它是由分子而不是电子承载的。

根据将水电从巴拉圭Itapúa大坝输送至加利福尼亚州的案例中的经济性分析研究发现：

（1）即使可再生能源无处不在，将其从最丰富的地方运输到不丰富的地方仍然是经济的，特别是当地有相应的激励措施的时候。

（2）在多种方案中，最有利可图的运输可再生能源的方式是液化氢或者氨气（如果是跨洋运输）。

5.2 异地能源

化石燃料作为一种能源，几十年来一直主导着世界的地缘政治和财富的分配。对于资源丰富或资源贫乏的国家，或介于两者之间的国家来说，这都是最重要的问题，各个国家想发展自己的经济，都需要能源的保障。世界各国领导人在制定本国对外关系战略时，都会考虑到化石燃料储备的前景。但是现在已经到了一个可再生能源的时代，或即将打破这一思维定式。

不像世界上只有几个幸运的地方有化石燃料储备，每地区都有可再生能源。太阳光会照到地球的每一个角落，风到处都在刮。然而，这并不意味着没有悬殊的差异。世界上有些地方有极其丰富的可再生能源，太阳似乎一年365天都在干燥的空气中照耀，或者说在这个星球的某个地方大部分时间都在刮风。高度有利的可再生能源和最坏情况之间的差异是巨大的，有兴趣的可以研究一下世界风能和太阳能资源的分布信息。

可再生能源不仅包括太阳能和风能，还包括水。这种资源的巨大差异对于水电来说尤其如此，世界上只有极少数地方有丰富的水力发电资源。即使这种可再生能源分布的差异与化石燃料有一定的相似性，但在世界地图上却是完全不同的景象，更不用说差异的程度不如化石能源那么巨大，另外风能和太阳能的互补性使得可再生能源的资源相对平均一些。

话虽如此，把可再生能源从资源丰富的地方运到资源贫乏的地方是否具有良好的经济效益，仍然值得探讨。例如，从澳大利亚到东亚，从北非到西欧，从中东到东南亚，从新疆到上海等。本研究探讨了将难以送出的可再生能源（如巴拉圭Itapúa大坝水电），运至加利福尼亚州的经济可行性。Itapúa大坝的水力发电正面临与巴拉圭与巴西之间的政治问题。可再生能源被认为是价格低廉的。加州之所以选择作为能源目的地，是因为它拥有最有利的可再生能源激励措施，如加州低碳燃料标准（LCFS）。

这项研究是针对具体情况的，但对于因经济或政策原因而需要将难以使用的可再生能源运输到需要的地方而言，它应该具有一般的意义。

对这个案例的研究，也对我们中国的西部能源的东输问题有一定的参考作用。西部的能源东输的条件要相对容易一些，因为是陆地而不是跨洋运输。

5.3 假设条件与模型

可再生的电能通过电解水转化为氢气，氢气可以用以下几种途径运往加州用作燃料：

（1）液化；

（2）用二氧化碳合成甲醇；

（3）用氮气合成氨。

可再生燃料的收入包括：

（1）销售收入；

（2）激励措施（LCFS）；

（3）副产品（氧气）销售收入。

工艺过程假设如下。

1. 氢气压缩环节

假设如下：

$$资本支出 = (P \times 1\,500)^{0.9}/1\,000\,000（百万美元）$$

$$运维 = 0.04 \times 资本支出（百万美元/年）$$

$$电力(P) = 2.5\,(kWh/kg\,H_2)$$

投入费用与压缩机功率输入相关。当压缩机功率输入增加时，资本支出下降，功率因子为0.9。由于压缩设备技术的高度成熟，这是单位成本的适度下降。运营和维护(O&M)成本约为每年资本支出的4%。压缩机的耗电量约为每处理千克氢气2.5 kWh。

2. 氢气液化装置

液化厂把氢转化为液体。该工厂包括液化系统和储氢容器。储氢装置用于平稳电厂电网运行的运行状态,以应对可再生能源的间歇性。

假设如下:

资本支出 $\begin{cases} 液化 = 40 \times (规模/30\,000)^{0.57} (百万美元) \\ 存储 = (规模 \times 300 \times 小时数/24)/1\,000\,000 (百万美元) \end{cases}$

运营成本 $\begin{cases} 运维 = 0.04 \times 资本支出(百万美元/年) \\ 电力 = 12 (kWh/kg) \end{cases}$

"小时数/24"是可再生能源每天的负载率(与可再生能源的容量因子有关);"规模"是工厂储氢值的多少,单位为kg/天。

同样,资本成本与工厂规模有关。由于液化技术还不是很成熟,在这种情况下,增大液化工厂的规模可以大大降低成本,其下降的比例与规模的(0.57)幂次方成正比。

3. 电解槽

假设使用NEL氢能方案制氢。根据已有的文献材料,单位成本(美元/kW)如下:

电力(kW)	10 000	50 000	100 000	200 000	500 000
花费(美元/kW)	685	605	550	500	500

运行维护成本相应的电力对应关系如下:

电力(kW)	10 000	50 000	100 000	200 000	500 000
运维[美元/(kW·年)]	40	35	32	31	30

资本支出与系统规模相关,关联的系数为0.57,因为氢气液化未得到广泛应用,如果扩大容量,该技术成本减低而效益会有所提高。模型里是假设使用地上储罐进行储存,如果规模增加,采用更好的储氢方式,则成本可以数量级地降低。

4. 甲醇

甲醇生产的输入数据如下:

$$资本支出 = 8 \times [(吨/年)/4\,000]^{0.6} (百万美元)$$

如前所述,由于该技术未得到广泛应用,如果扩大大型工厂的规模,可显著降低资本的支出。

运行与维护:

产量(吨/年)	10 000	50 000	100 000	200 000
运维[美元/(吨·年)]	280	250	240	230

氨:

$$资本支出 = 5 \times [(吨/年)/9\,000]^{0.6} (百万美元)$$

$$运营成本 = 运维因子 \times 资本支出(百万美元)$$

其中运行维护费用的折算如下:

产量(吨/年)	10 000	50 000	100 000	200 000
运维因子	0.06	0.055	0.05	0.045

副产品氧气的售假定为100美元/吨。氨的售价为500美元/吨,甲醇的售价为400美元/吨。

5.4　结果与讨论

在运输可再生能源的经济性中,有几个因素是最重要的,即可再生能源的成本和其发电的负荷因子(每天能够提供电能的时间),而发电厂规模对运输燃料成本不是一个非常决定性的因素。

5.4.1　结果

以下三个表中列出了三种不同类型燃料(液氢、甲醇和氨)的建模结果。表5-1是从巴拉圭南美洲使用槽罐车运输液氢到加利福尼亚州的结果,表5-2、表5-3分别是甲醇和氨的结果。分析方法与上节相同。变量包括工厂规模、可再生能源价格和可再生能源的负荷因子。

表5-1　液氢的结果

工厂规模,氢气(吨/年)		72 000	72 000	72 000	72 000	72 000	15 000
工厂规模,甲烷(吨/年)							
工厂规模,氨							
电价(美元/kWh)		0.02	0.02	0.02	0.04	0.06	0.02
负荷因子		0.5	0.75	1	0.75	0.75	0.75
电量	电解(kW)	750 000	500 000	3 750 000	500 000	500 000	104 167
	液化(kW)	133 333	88 889	66 667	88 889	88 889	25 463
	共计(kW)	883 333	588 889	3 816 667	588 889	588 889	129 630
资本支出	电解(百万美元)	375	250	187.5	250	250	57.3
	液化+储存(百万美元)	148	133	118	133	133	51
	共计(百万美元)	523	383	305.5	383	383	108.3
运营成本	电力(美元/MMBtu)	9.38	9.38	9.38	18.68	27.97	9.9
	运维(美元/MMBtu)	3.46	2.6	1.95	2.6	2.6	3.52
	进料(美元/MMBtu)						
	共计(美元/MMBtu)	12.84	11.98	11.33	21.28	30.57	13.42

(续表)

资本费用	电解（美元/MMBtu）	4.28	2.85	2.14	2.85	2.85	3.14
	液化+储存（美元/MMBtu）	1.69	1.52	1.35	1.52	1.52	2.81
	共计（美元/MMBtu）	5.97	4.37	3.49	4.37	4.37	5.95
产品花费	制氢（美元/MMBtu）	15	12.57	11.48	20.67	28.57	13.43
	液化（美元/MMBtu）	3.81	3.57	3.32	4.97	6.38	5.95
	运输（美元/MMBtu）	11.4	11.4	11.4	11.4	11.4	11.4
	共计（美元/MMBtu）	30.21	27.54	26.2	37.04	46.35	30.78
收入	销售额（百万美元）	360	360	360	360	360	75
	激励（百万美元）	297	297	297	297	297	62
	副产品（百万美元）	53	53	53	53	53	11.1
	营业利润（百万美元）	513	521	526	444	367	106
利率（%）		107	151	196	129	107	105
环境	单位能量生产的碳排放量（吨CO_2/MJ）	13.5	13.5	13.5	13.5	13.5	13.5
	CO_2减排（吨/年）	1 935 360	1 935 360	1 935 360	1 935 360	1 935 360	403 200

对其中的两个变量进行分析，分别是发电厂容量系数和可再生能源价格。每个变量有三个输入数据点。可再生能源价格分别为0.02、0.04和0.06美元/kWh，代表最有利、有利和正常的可再生能源。负荷因子也有三个级别：0.5、0.75和1。陆上风力发电的容量系数为0.4～0.5，海上风力发电的容量系数为0.5～0.7。功率因数1可解释为水力发电。很明显，这个负荷因子是不现实的，因为水电总是季节性的，但这种最佳的可能情况也具有一定的参考意义。

表5-2 甲醇的结果

工厂规模，氢气（吨/年）	72 000	72 000	72 000	72 000	72 000	15 000
工厂规模，甲烷（吨/年）	360 000	360 000	360 000	36 000	36 0000	75 000
工厂规模，氨						

（续表）

电价（美元/kWh）		0.02	0.02	0.02	0.04	0.06	0.02
负荷因子		0.5	0.75	1	0.75	0.75	0.75
电量	电解（kW）	750 000	500 000	3 750 000	500 000	500 000	104 167
	压缩（kW）	16 666	5 555	0	5 555	5 555	1 157
	甲烷（kW）	62 500	62 500	62 500	62 500	62 500	13 021
	共计（kW）	829 166	568 055	3 812 500	568 055	568 055	118 345
进料	CO_2 吨/年	504 000	504 000	504 000	504 000	504 000	105 000
资本支出	电解（百万美元）	375	250	187.5	250	250	57.3
	压缩+储存（百万美元）	25	12	0	12	12	2.46
	甲烷（百万美元）	119	119	119	119	119	46.4
	共计（百万美元）	519	381	306.5	381	381	106.16
运营成本	电力（美元/MMBtu）	11.46	11.36	11.25	22.58	33.79	11.36
	运维（美元/MMBtu）	4.24	3.06	2.44	3.06	3.06	3.9
	进料（美元/MMBtu）	3.7	3.7	3.7	3.7	3.7	3.7
	共计（美元/MMBtu）	19.4	18.12	17.39	29.34	40.55	18.96
资本费用	电解（美元/MMBtu）	5.16	3.44	2.58	3.44	3.44	3.79
	压缩+储存（美元/MMBtu）	0.33	0.16	0	0.16	0.16	0.16
	甲烷（美元/MMBtu）	1.64	1.64	1.64	1.64	1.64	3.06
	共计（美元/MMBtu）	7.13	5.24	4.22	5.24	5.24	7.01
产品花费	制氢（美元/MMBtu）	18.14	15.31	13.9	24.83	34.36	15.8
	压缩（美元/MMBtu）	0.48	0.33	0	0.44	0.54	0.34
	甲烷（美元/MMBtu）	4.01	4.01	4.01	5.6	7.19	6.13
	运输（美元/MMBtu）	1.29	1.29	1.29	1.29	1.29	1.29
	共计（美元/MMBtu）	23.92	20.94	19.2	32.16	4.38	23.56
收入	销售额（百万美元）	180	180	180	180	180	37.5
	激励（百万美元）	185	185	185	185	185	38.7
	副产品（百万美元）	58	58	58	58	58	12
	营业利润（百万美元）	238	247	252	170	94	106

◎ 第 5 章　运送低价可再生能源到异地的经济性分析

（续表）

利率(%)		46	65	82	45	25	47
环境	单位能量生产的碳排放量(吨CO_2/MJ)	−54	−54	−54	−54	−54	−54
	CO_2减排(吨/年)	563 490	563 490	563 490	563 490	563 490	117 488

所有三种下游产品都以相同的方式进行评估，并使用完全相同的输入数据。该模型计算的经济和环境绩效结果相同，输入的经济绩效即是资本投资的收益率。它不同于资本回收的时间的概念。两位数的高收益率被认为是好的投资。环境绩效主要通过CI、燃料的单位能量碳排放量和每年减少的二氧化碳（吨）来衡量。二氧化碳减少量是指如果使用标准化石燃料来驾驶车辆所产生的排放量。

表5-3　氨的建模计算结果

工厂规模,氢气(吨/年)		72 000	72 000	72 000	72 000	72 000	15 000
工厂规模,甲烷(吨/年)		407 940	407 940	407 940	407 940	407 940	84 985
工厂规模,氨							
电价(美元/kWh)		0.02	0.02	0.02	0.04	0.06	0.02
负荷因子		0.5	0.75	1	0.75	0.75	0.75
电量	电解(kW)	750 000	500 000	3 750 000	500 000	500 000	104 167
	压缩(kW)	16 666	5 555	0	5 555	5 555	1 157
	氨(kW)	70 823	70 823	70 823	70 823	70 823	14 754
	共计(kW)	837 489	576 378	3 820 823	576 378	576 378	120 078
进料	氮气(吨/年)	342 864	342 864	342 864	342 864	504 000	105 000
资本支出	电解(百万美元)	375	250	187.5	250	250	57.3
	压缩+储存(百万美元)	25	12	0	12	12	2.46
	氨(百万美元)	50	50	50	50	50	19.2
	共计(百万美元)	450	312	237.5	312	312	78.96

(续表)

运营成本	电力(美元/MMBtu)	10.14	10.05	9.96	19.98	29.9	10.05
	运维(美元/MMBtu)	3.57	2.48	1.91	2.48	2.48	3.2
	进料(美元/MMBtu)	4.38	4.38	4.38	4.38	4.38	4.38
	共计(美元/MMBtu)	18.09	16.91	16.25	26.84	36.76	17.63
资本费用	电解(美元/MMBtu)	4.48	3	2.24	3	3	3.29
	压缩+储存(美元/MMBtu)	0.29	0.14	0	0.14	0.14	0.14
	氨(美元/MMBtu)	0.59	0.59	0.59	0.59	0.59	1.1
	共计(美元/MMBtu)	5.36	3.73	2.83	3.73	3.73	4.53
产品花费	制氢(美元/MMBtu)	15.94	13.43	12.17	21.7	29.97	14.1
	压缩(美元/MMBtu)	0.6	0.29	0	0.38	0.47	0.29
	氨(美元/MMBtu)	2.53	2.53	2.53	4.09	5.65	3.37
	运输(美元/MMBtu)	1.29	1.29	1.29	1.29	1.29	1.29
	共计(美元/MMBtu)	20.36	17.54	15.99	27.46	37.38	19.05
收入	销售额(百万美元)	204	204	204	204	204	37.5
	激励(百万美元)	112	112	112	112	112	38.7
	副产品(百万美元)	58	58	58	58	58	12
	营业利润(百万美元)	172.3	182	187	104	26	106
利率(%)		38.4	58.4	79	33.4	8.3	47
环境	单位能量生产的碳排放量(吨CO_2/MJ)	7.69	7.69	7.69	7.69	−54	−54
	CO_2减排(吨/年)	604 188	604 188	604 188	604 188	563 490	117 488

5.4.2 讨论

1. 与可再生能源成本相关的经济学

如图5-1所示,液氢代替燃油在运输行业是收益最高的方式,其资本投资收益非常可观。这归功于激励因素,特别是由于氢的能源经济性能比(EER)。当氢被用于运输燃料时,它的性能比为2.5,因为燃料电池电动汽车在同等能量下效率更高。对于甲醇和氨水，它们也是有利可图的。然而，如果取消激励和副产品销售，即使电价低至0.02美元/kWh，它们也不是很有利可图，如果电价高于0.02美元/kWh，它们就会亏损。

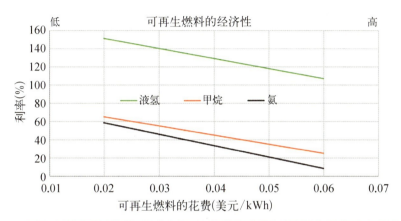

图5-1　可再生能源项目的产量（在0.75的容量系数下）对可再生能源成本的敏感性

2. 工厂的产能因素

如图5-2所示，可再生能源发电的负荷因子是盈利能力的另一个重要因素。这个因素更与可再生能源的类型有关。太阳能的负荷因子最低，而水电的负荷因子可能最高，但并非总是如此（如枯水期）。风力介于两者之间。为了获得更高的盈利能力，尽可能多地让设备运行是至关重要的。

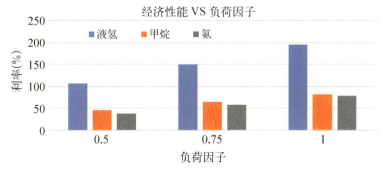

图5-2　工厂产能因素对经济效益的影响

3. 可再生燃料的成本结构

如图5-3所示,在可再生燃料中,液态氢的成本最高,部分原因是液化和运输。液化几乎需要消耗三分之一的氢能。由于在-253 ℃下运输液态氢所需的体积和极低温度容器,运输成本也要高得多。对于甲醇和氨,产品的成本主要是氢气。运输成本非常低,因为它们可以在环境温度下作为液体运输。

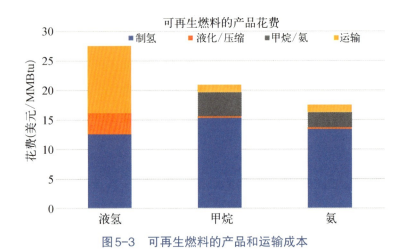

图5-3　可再生燃料的产品和运输成本

4. 投资对二氧化碳减排的影响

如果我们想知道我们投资的资金以及这些资金将带来多少环境效益,可以用单位投资额对应的每年二氧化碳的减少量来衡量,因为它们取代了现有的运输用汽油。很明显,氢气具有最好的环境效益,如图5-4所示。这又一次与氢燃料汽车更节能的事实联系在一起,因此其应用可以有效替代更多的汽油燃烧。

5. 远程运输可再生能源的经济性

如果可再生能源价格从0.02美元/kWh上涨至0.06美元/kWh,氢气的产生成本增加了16美元/MMBtu,远远超过运输成本(11.4美元/MMBtu)。可再生能源丰富的地方与可再生能源一般的地方相对比,这种生产成本

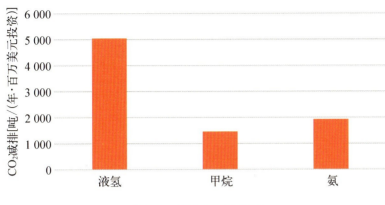

图 5-4 单位投资的减排

差异是比较典型的。这是对于跨洋运输的情况,但如果是陆地运输,成本就会低许多,就是说其长途运输的经济门槛要低得多。因此,在许多情况下,可再生能源的长距离运输是有明显的经济效益的。

第6章

能源结构转型的社会成本

对于潜在方案的技术经济分析,所得出的结果只是解决迫在眉睫的气候危机的起点,真正的挑战主要在于解决方案所产生的社会问题。本章评估了因能源从化石燃料转移到可再生能源而产生的社会冲击和其困难程度。首先探讨一下,如果实施雄心勃勃的逆转全球变暖的计划,各国政府在财政预算上应该如何准备。

6.1 扭转气候变化需要的资金

如前面的分析所示,产品路径必须通过氢来实现。为了实现氢能经济,我们需要以LCFS的177美元/吨的二氧化碳和PTC的40美元/吨的二氧化碳的成本标准来激励氢经济。如果我们每年能减少25亿吨的二氧化碳排放量,经过十年的努力,我们就有可能实现《巴黎协定》的目标,即阻止全球气温上升1.5 ℃,如附录A1的图A1-9所示。那么,每年需要来自世界各国政府的激励资金约5 450亿美元。得出这一结果的计算方法是25亿吨二氧化碳乘可再生能源税收抵免(PTC)(以177美元/吨二氧化碳加上40美元/吨二氧化碳)。这大约是全球GDP的0.5%。

以美国为例,如果政府的国防开支能占其GDP的3.5%,花0.5%在环境保护上肯定是可行的。在高峰期,美国国家航空航天局每年用于月球探测登陆项目的经费占美国政府预算的5%以上,总花费约6 000亿美元。

◎ 第6章 能源结构转型的社会成本

显而易见，如果我们将气候变化视为一个必须即刻解决的问题，那么资金就不是问题。

真正的问题是氢能经济的发展牵涉人们的利益和工作。氢经济的发展与其说是减少了总的工作岗位数，更应该说是将这些工作转移到了不同的领域。新的氢经济的增长将创造新的就业机会，但也会使一些工作机会因过时而消失，比如挖煤。最重要的是，新的氢经济将需要不同类型的基础设施，这将使一些旧的化石燃料基础设施毫无用处。有很多公司、集团和个人会对这种变化感到担心。

相关业务的转移和人员的职业再培训是实施新能源基础建设时面临的主要问题。这个问题是社会成本问题，考虑到国际上目前的法律框架和政治组织，无法通过投资来解决。如前所述，可再生能源路径的不同解决方案具有不同的经济和环境影响。同样显而易见的是，不同的路径对工作转移和现有业务颠覆的程度也有不同的影响。

也许我们应该对不同可再生能源路径造成的这些影响进行定量分析。但这样的研究所需的数据和时间也超出了本书作者们的能力范围。因此，这项研究旨在提供一些粗略的定性分析，为在这一领域继续进一步的工作投石问路。本研究考虑了可再生能源路径（两种）和电池储能进行定性分析。

（1）可再生氢作为燃料和能源储存；

（2）可再生甲醇或乙醇作为燃料和能源储存；

（3）电池储能。

因为储能是可再生能源的主要问题。在这里，电池储能需要并行进行讨论。即使电池不能产生可再生能源，但它是可再生电力解决方案的一个主要部分。在蓄电池储存的情况下，所有电力都可以被认为可由可再生能源提供，包括车辆使用和工业使用。

我们使用能源方式的变化影响到许多经济部门。为了从简，这项研究只关注电力、交通和工业，因为它们在经济中占绝大多数。其他部门，如农业、食品和饮料、矿产开采、房地产（商业和住宅建筑）、酒店业在经济中也很重要，但对二氧化碳排放的影响较小，抑或它们不太容易改变能源使用结构，这些部门大多是电力部门的下游客户。例如，农业部门对二氧化碳排放的影响更多地涉及土地利用、土壤和农场废物管理，它与能源使用关系不大。

6.2　对电力的影响

化石燃料发电按其能源投入可分为三大产业，即煤炭、天然气和石油。每个行业在纵向上都有许多子行业。对这些子行业来说，能源转换的影响是不同的。本研究提出了一种基于各子行业变化情况的模糊综合评价方法。这种方法可能无法完全准确地抓住这种变化的实质，而且输入的数据也不完全准确，但是在某些情况下，数据是可靠的，而在其他情况下，这些数据仍然可以做一些毛估。然而，这是一个初步的尝试，以量化各行业在社会变革领域的影响，试图把闲余谈话的要点变成一个科学的演示，这显然是探索性的。该方法以后可以用更好的数据和更严格的方法进行改进，但同样的思路仍然可以应用。

根据脱碳路径的不同，对行业的影响也不同。对于可再生能源加电池储能的能源模式，其对社会的影响程度的计算和分析如表6-1所示。

对煤炭行业的整体扰动指数0.51意味着约50%的人或企业需要转行从事新的行业，或者一半的技能可以转移到其他类型的工作。再就业需要再培训。这不是一门精确的科学，只是一个大概的数字，用以表示相关的从业人员以及企业对这种改变的不适应性。

如表6-1所示，煤炭行业损失最大，天然气行业的情况较好，而且损失不大。从某种意义上说，如果可再生能源加电池储能占主导地位，现有工作岗位或基础设施的50%以上将不需要。因为石油发电的比例很小，主要是在世界上的一些岛国。石油工业在电力应用方面受到的干扰最小。

表6-1 可再生能源加电池储能的能源模式对社会的影响程度

能源	产业	影响评估	影响因子	工作转换难度	再利用能力	商业部分	工业规模	衰减率,1/淘汰时间(年)	扰动指数	整体扰动指数	功率变化扰动因子	备注
煤炭	采矿	采矿机器	1	0.9	0	0.15			0.135	0.51	0.192	
		服务和支持	1	0.5	0	0.15			0.075			包括EPC、本地支持、运输等
		服务和支持	0.5	0.2	0.15	0.35	0.38	0.07	0.008 75			
	燃煤电厂		1	0.95	0	0.25			0.237 5			
	蒸汽动力制造商		1	0.6	0.1	0.1			0.05			
天然气	气田		1	0.9	0	0.1			0.09	0.467	0.154	
	气设备厂商		1	0.6	0.15	0.1			0.045			
	服务气物流		0.4	0.2	0.1	0.05	0.33	0.04	0.002			
	服务和支持		0.3	0.2	0.15	0.3			0.004 5			
	燃气电厂		1	0.9	0	0.25			0.225			
	气电设备厂商		1	0.6	0.1	0.2			0.1			
石油	油田		1	0.9	0	0.05			0.045	0.379	0.038	
	油设备厂商		0.8	0.6	0.1	0.05	0.1	0.05	0.02			
	服务和支持		0.2	0.2	0.15	0.4			0.004			
	燃油电厂		1	0.8	0	0.3			0.24			
	油电设备厂商		0.7	0.6	0.1	0.2			0.07			

表6-2 H$_2$作为燃料和储存能量的能源模式对社会的影响程度

能源	产业	影响评估	影响因子	工作转换难度	再利用能力	商业部分	工业规模	衰减率,1/弛豫时间(年)	扰动指数	整体扰动指数	功率变化扰动因子	备注
煤炭	采矿		1	0.9	0	0.15			0.135	0.51	0.192	
	采矿机器		1	0.5	0	0.15			0.075			
	服务和支持		0.5	0.2	0.15	0.35	0.38	0.07	0.008 75			包括EPC、本地支持、运输等
	燃煤电厂		1	0.95	0	0.25			0.237 5			
	蒸汽动力制造商		1	0.6	0.1	0.1			0.05			
天然气	气田		1	0.9	0	0.1			0.09	0.228	0.075	
	气设备厂商		1	0.6	0.2	0.1	0.33	0.04	0.04			
	天然气物流		0.4	0.2	0.12	0.05			0.001 6			
	服务和支持		0.3	0.4	0.38	0.3			0.001 8			
	燃气电厂		1	0.9	0.6	0.25			0.075			
	气电设备厂商		1	0.6	0.5	0.2			0.02			
石油	油田		1	0.9	0	0.05			0.045	0.379	0.038	
	油设备厂商		0.8	0.6	0.1	0.05	0.1	0.05	0.02			
	服务和支持		0.2	0.2	0.15	0.4			0.004			
	燃油电厂		1	0.8	0	0.3			0.24			
	油电设备厂商		0.7	0.6	0.1	0.2			0.07			

表6-3 可再生能源对社会的影响程度

能源	产业	影响评估影响因子	工作转换难度	再利用能力	商业部分	工业规模	衰减率,1/淘汰时间(年)	扰动指数	整体扰动指数	功率变化扰动因子	备注
煤炭	采矿	1	0.9	0	0.15			0.135	0.41	0.156	
	采矿机器	1	0.5	0	0.15			0.075			
	服务和支持	0.5	0.2	0.19	0.35	0.38	0.07	0.001 75			包括EPC、本地支持、运输等
	燃煤电厂	1	0.95	0.3	0.25			0.162 5			
	蒸汽动力制造商	1	0.6	0.25	0.1			0.035			
天然气	气田	1	0.9	0	0.1			0.09	0.183	0.060	
	气设备厂商	1	0.6	0.15	0.1			0.045			
	天然气物流	0.4	0.2	0.1	0.05	0.33	0.04	0.002			
	服务和支持	0.3	0.2	0.19	0.3			0.000 9			
	燃气电厂	1	0.9	0.8	0.25			0.025			
	气电设备厂商	1	0.6	0.5	0.2			0.02			
石油	油田	1	0.9	0	0.05			0.045	0.109 8	0.011	
	油设备厂商	0.8	0.6	0.1	0.05			0.02			
	服务和支持	0.2	0.2	0.19	0.4	0.1	0.05	0.000 8			
	燃油电厂	1	0.8	0.7	0.3			0.03			
	油电设备厂商	0.7	0.6	0.5	0.2			0.014			

如表6-2所示，煤炭行业受到氢经济的严重影响，而天然气行业的情况要好得多。天然气行业转移到氢燃料对其影响不是很大，可以简单地改造天然气基础设施，甚至直接将天然气用于氢的循环。因此，产业转型对天然气发电行业的干扰要小得多。这得益于燃气轮机作为燃料可以直接燃烧氢气，而无须对发电厂进行大规模的改造。

与预期一致，如表6-3所示，因为可再生燃料是可以被视为许多不同类型的发电设备的替代燃料，而这些发电设备通常是用汽油或柴油作为燃料，所以可再生燃料对石油发电行业的影响非常小。

如何解读表6-1、表6-2和表6-3中的分数，一种办法是对比结果。如果我们将电池的扰动量化为100%，我们就可以衡量可再生燃料或氢气的相对扰动程度。通过这种方式，我们可以了解各行业切换到解决方案有多大的困难。在政策计划和权衡我们面临的选择时最好考量一下来自各方面的阻力。

电池储能的解决方案，其行业颠覆程度是最严重的。如果我们假设电池对各行业整体扰动是100%，那么氢气燃料和可再生乙醇/甲醇的相对扰动是多少？从表6-4可以看出，煤炭是社会成本上最难转换的能源，无论我们选择什么路径，影响都非常大。另一方面，影响最小的路径是可再生的乙醇/甲醇。不幸的是，如前所述，与其他两种可再生能源解决方案相比，可再生乙醇/甲醇对环境保护的正面影响要小得多，其在逆转全球变暖方面作用太小。

表6-4 不同途径的影响百分比

能 源	电池储能（%）	氢燃料（%）	可再生燃料（%）
煤 炭	100	100	75
天然气	100	49	39
石 油	100	100	29

一言以蔽之，脱碳没有简单的路径。但综合考量，氢气储能的解决方案是目前的最佳选择！

6.3 对交通行业的影响

交通运输行业,包括陆地、空中和水上运输,占世界能源使用总量的三分之一,在世界经济中占有巨大的比重。

三种脱碳路径对交通运输行业的影响与电力行业略有不同。由于能量密度高,几乎所有运输中的发动机都使用液体燃料,即使是越洋船舶也是如此。使用固体燃料的蒸汽机车已经是遥远的历史了。因此,在交通运输领域,只需最少的改装,可再生燃料乙醇/甲醇就可以作为大多数发动机的运行燃料。除化石能源的勘探、开采和精炼部分业务外,其他所有业务几乎都得到了保存,包括其主要基础设施、运输、储存及管网系统。

交通运输行业正在走向电气化发展的道路。但目前电动汽车只占道路上车辆的一小部分,而在航空或船运领域则没有任何电气化的迹象。由于电池技术的局限性,特别是它的能量密度的问题(锂电池:0.3 kWh/kg;氢燃料:39 kWh/kg;汽油:12 kWh/kg),在陆地运输有一定的发展空间,但海运和航空将不会有大规模的发展。

氢燃料具有很高的能量密度,它有可能在各个领域发挥作用,取代目前所有类型车辆的驱动/能源方式。另一方面,氢气对目前能源行业的扰动并不像电池储存方法那样严重。例如,管网系统略加改造可以输氢,加油站可以改造成加氢站等。氢燃料有机会进入海运和航空领域,但目前的技术还有待进一步的发展。特别是航空领域,氢取代航空汽油的可能性是存在的,但并不是绝对会发生的事,技术上还有一些问题需要解决。

综上所述,在交通运输行业,主要受冲击的是地面交通,其电气化是早晚的事。氢气储能解决方案比电池方案要好一点,但最好的是可再生乙醇/甲醇的解决方案。但是无论如何,化石能源的开采和提炼行业将会受到比较大冲击。

6.4 对工业行业的影响

对于钢铁厂、水泥厂和化肥厂等主要工业部门，蓄电池是不适用的。所需的大部分能源可由可再生能源提供的电力替代，但工艺原料不能由电力替代。然而，在大多数情况下，主要原料可以是氢气，氢气是由可再生能源通过电解水制取的。氢气也可以与氧气（电解水的副产品）一起燃烧，为那些工厂（如水泥生产）提供工艺过程的能源。在这些部门，可再生能源路径是积极的，并带来更多的就业机会和行业发展。对现有基础设施的改造是最低限度的。唯一的影响是煤矿和油田业务，因为这种情况下，对煤炭和石油的需求将会大幅度减少。

综上所述，在工业行业，电池储能的正面和负面影响都有限，乙醇/甲醇只能作为燃料而不能作为工业原料，也不大可能有太多的应用。由于氢能源的特点，它可以是需要深度脱碳的工业的首选技术，如果加速向氢经济转型则能够促进经济增长并改善其就业机会。

第 7 章

氢经济动力学

7.1 启动氢经济

在第3章制氢经济学和第4章脱碳路径的内容里，分别介绍并比对了各种不同的产品和解决的方案。从技术的优越性、经济表现、社会成本方面进行了综合全面地分析，很容易就会得出结论，这就是国际社会需要加快发展氢经济，这是重塑经济和能够逆转全球变暖的关键路径。

关于氢的产品和其相关的应用目前并不普遍，完全不存在氢经济的基础。工业领域中只有石化和化肥行业积累了处理氢的经验，但这与本章所提出的绿氢经济也不甚相同。那么如何能在现有的基础上启动绿氢经济？如何在绿色制氢、压缩、运输、储存和应用方面，在全供应链上同时展开、同步推进？能够最终演化成一个能改变经济，影响社会文明的产业吗？它的动力在哪里？阻力在哪里？有哪些关键因素？发展的规律是什么？本章将就这些问题展开，探讨一下氢经济动力学。

7.2 非线性发展理论

7.2.1 牛顿第二定律

首先让我们回顾一下著名的牛顿第二定律：

$$力(F) = 质量 \times dV/dt$$

这是物理定律，它是关于物体运动的基本规律。我们不妨借用一下，把它用在一个产业的发展的规律上。这里 F 是合力，包括作用力和阻力。"质量"是产业前进的所需要的设施与条件，V 是发展的速度，可以是年度增加量。

如果把产业的产出量作为指标，像牛顿定律描述的一样，它是一个动态过程，而这个过程本质上是非线性的。如匀速运动是一个特例一样，线性发展也是一个特例。但往往人们对产业的发展预测和期望存在着线性思维的问题。

回到牛顿第二定律，如果运用在产业的发展上，它揭示的是事物发展的非线性本质。从数学上说，一个二阶的微分等式可以涵盖绝大部分的事物演变规律。运用到一个产业经济的发展，可以做一下解读：

V 可以理解为产业的年增量，如果是光伏产业，是 GW/年；如果是氢能产业，是吨氢/年。它是产业的规模（累计总量）、发展的速度和发展的加速度，全面的描述产业的现状、历史和未来。

F 是产业的驱动力减去阻力，这方面因素非常多。包括政府的政策、市场的需求与能满足同样需求的同类产品的竞争力，运用的场景、技术、质量、安全、全生命周期成本、管理成本、社会成本、外部成本等等。质量好、成本低就是动力；反之就是阻力。比较光伏产业和氢经济产业，上述动力因素非常相似，只是光伏产业仅仅是氢经济的一部分。

"质量"是牛顿定律的另一个关键参数。当应用在产业发展时，它主要是与产品相关的系统的软件和硬件条件，以及相关的基础设施。如果这个系统太复杂，质量太大，其加速发展就需要较大的动力。例如，对于一个技术和产品，如果其生产过程需要太多的辅助和配套设施（Balance of Plant, BOP），那么它的"质量"就比较大，启动比较难。

7.2.2 光伏太阳能产业

光伏太阳能产业的发展可以诠释产业经济动力学的理论,它是一个非线性的增长曲线。根据欧洲文献[34]和美国文献[35],太阳能的发展在过去10年里可以用牛顿第二定律来描述。如图7-1所示,横坐标是时间,年份从2010年开始,纵坐标是年增量,从回归线可以看出,它的增长的加速度在 12.5 GW/年^2 左右。就是说每年的装机的增加量的增加量是 12.5 GW,即加速度。加速度在过去10年内呈现一个恒定的值,但下一个10年,由于碳中和与碳达峰的政策,预计驱动力增加,其加速度将会进一步提高。

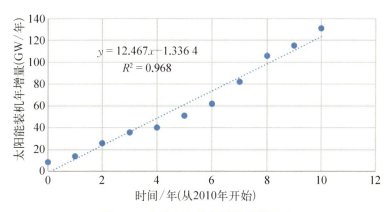

图7-1 光伏太阳能的发展增量曲线

7.2.3 价格与规模的关系

在产业发展的动力方面,成本是一个关键。技术产品的低成本是促进产业发展的最强的动力。除了人为因素以外,低成本主要有两个方面的动力:一是研发的投入,二是产业的规模。产业发展的早期,主要动力来自研发的投入,而持续大规模的增长则主要依靠产业的规模。从数据上看,规模效应是驱动光伏产业发展的主要动力。如图7-2所示,光伏成本从

1976年的80美元/W到2019年0.2美元/W,累积产量从1976年的8 MW到2019年800 000 MW。成本与产量成反比关系,规模越大,成本越低。成本越低,产业发展的动力就越大。在一定发展阶段后,产品技术与市场形成良性互动,加速前进。

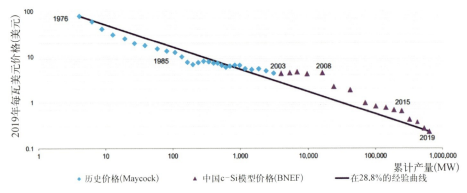

图7-2　光伏太阳能电池成本和产业规模的关系(数据引自文献[34])

7.3　氢燃料电动汽车

如前一节所述,氢燃料电动汽车对于现有产业的扰动程度将小于电池电动汽车。长远来看,这两个不同的技术方向将相互竞争,来取代化石燃料汽车。把这两个技术全面地比较一下是很有意义的。

目前,世界上氢燃料电池汽车还很少,只有几万辆。它主要是机场和工厂里的相当数量的叉车(>10 000台)。然而,业内的专家认为,到2035年,氢燃料电池汽车将超过电池电动汽车。这个判断主要来自如下理由:

(1)燃料电池汽车的续航里程(>600 km);

(2)良好的低温环境的性能;

(3)短充电时间(<5 min)的优势。

基于这些,燃料电池汽车在市场上得到了广泛的关注。

在这一节中,我们将比较两种类型的电动汽车:锂电池汽车和氢燃料电池汽车。正如我们所知,即使它们仍然远远落后于化石燃料汽车,但目前电池电动汽车的产量已经非常大了,其产业的规模已经使其成本可以与化石能源汽车相比了。为了公平对比,让我们假设氢燃料电池汽车的生产也有一定的规模,其市场价与电池电动汽车相当,看看它与电池电动汽车及普通汽油车相比如何。

7.3.1 里程杠杆成本(LCOM)

为了比较不同类型的车辆技术,让我们引入一个借鉴电力行业的新参数,即里程杠杆成本(Leveraged Cost of Mileage, LCOM)。它的定义是在车辆使用寿命内运营车辆的总成本除以总运营里程。成本包括初始购买价格、燃料成本、维护、保险、税收等。为了简化分析,我们不考虑保险和税收,因为这是与政策相关的,各地都不相同。

$$LCOM = (mortgage + maintenance + fuel\ cost)/mileage$$

其中,mortgage(抵押贷款)是假设汽车是通过银行贷款买车的资本成本。一般来说,不同的技术有不同的生命周期,电池电动汽车的生命周期较短(10年),而燃料电池汽车和汽油车的寿命较长(>12年)。maintenance(维护)包括日常维护和意外的事故处理,含零件和人工。fuel cost(燃料成本)包括充电电池的电力成本、汽油成本和氢气成本。mileage(里程)是车辆每年运行的总里程。

7.3.2 经济分析

对于汽油车,选择典型的汽车如丰田凯美瑞或本田雅阁(假设13 km/L汽油)进行分析。对于电动汽车,选择特斯拉3型。对于燃料电池汽车,选择丰田Mirai进行分析。

如果每年的行车里程相同,在全生命周期内,比较拥有一辆汽车的成本,如表7-1所示,三种车基本相当,燃料电池电动汽车显然是很有竞争力的。当然这是前瞻性的结论,只有在当燃料电池电动汽车的价格下降到电池电动汽车的水平时,这种情况才会出现。根据丰田的说法,这应该在2023年以后实现。目前,丰田Mirai和本田Clarity(燃料电池)的价格都在5万~6万美元之间。从之前章节的分析可知,利用电网或太阳能光伏发电在使用点制造氢气的成本可以不到5美元/kg。因此,如表7-1所示,发展燃料电池电动汽车的时机成熟且在经济上是合理的。

这并不意味着燃料电池汽车将来一定会作为一种主要的交通方式。经

表7-1 不同车辆技术的比较

比　　较	电动汽车	燃料电池车	汽油车
燃料花费(美元/千瓦时,美元/千克氢气,美元/加仑气)	0.1	5	3.3
燃料花费(美元/千瓦时)	0.100	0.127	0.091
效率(英里/千瓦时)	4.10	1.87	0.88
燃料系统重量(千克)	540	87.5	15
里程(英里)	310	312	400
充能(分钟)	600	3	3
油箱能量(电量)(千瓦时)	75	197	430
车辆价格(美元)	34 000	34 000	25 000
利率	0.05	0.05	0.05
燃料花费(美元/年)	243.9	678.2	1 033.1
期限	10	12	12
维修(美元/年)	485	500	1 117
贷款(美元/年)	4 403	3 836	2 821
里程杠杆成本(美元/英里)	0.513	0.501	0.497

济的就地制氢技术是实现这一目标的必要条件之一。当然,如果氢气能够通过管道或其他方式很经济地送到加氢站,也可以满足燃料电池车的经济性要求。另外,氢动力汽车也要降低生产成本,就需要批量生产。为了发展氢气基础设施(加油站),它需要消费者,即燃料电池汽车的车主。对于购买燃料电池汽车的客户来说,他们需要可用的基础设施,就是加氢站。这样的系统工程需要许多参与者以有条不紊的方式同步进行工作才能实现。

如果我们将燃料电池电动汽车相对于汽油汽车的优势定义为 $=(LCOM_{fc}-LCOM_{gas})/LCOM_{gas}\times 100$,那么,如图7-3所示,在大约7.2美元/kg H_2 价格下,燃料电池汽车开始击败汽油汽车。氢气的这个价格是可以实现的,现在主要是没有基础设施和庞大的燃料电池车体量。

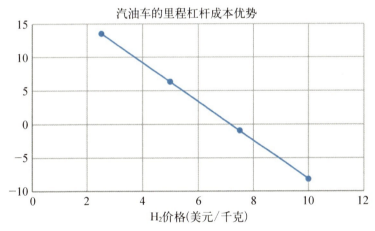

图7-3 燃料电池汽车与汽油车的经济性能比较

分析结果如下:

如果氢基础设施完备,在规模经济的条件下,氢燃料电池电动汽车比化石燃料汽车有明显优势,比电池电动汽车也应该更方便一些。

7.3.3 动力学分析

上文详细地分析了燃料电池汽车的经济性能,如果考虑政策激励,它可以有较强的市场竞争力。但是,燃料电池汽车产业的启动还有一些阻力。从经济动力学的角度,燃料电池汽车的发展的困难来自行业的"质量",即启动惯量问题(见后续章节内容)。虽然燃料电池车本身的技术比较简单,但是它需要建设的基础设施庞大,如氢的供应运输网络、加氢站点的数量和合理布局等。所以燃料电池车发展方向是毫无疑问的,但其启动将是一个相对缓慢的过程。如果绿氢供应链经济高效,条件成熟,这不仅解决其经济性的问题,而且还在技术上避免了质子交换膜燃料电池的氢杂质(CO)中毒问题。预计燃料电池在交通领域的未来发展也将呈非线性地上涨。

7.4 燃氢燃气轮机发电

氢经济的启动可以借助于燃机发电产业,因为燃机发电行业是成熟的产业,它的基础设施完善,历史悠久,规模庞大。燃气轮机可以燃氢运行,所以氢经济可以借助燃机发电行业自身的发展惯量来带动,仅需提供初始的动力。本节内容将就燃氢燃气轮机的发展进行深入探讨。

7.4.1 燃氢燃气轮机的脱碳优势

燃气轮机作为动力在各经济领域有广泛的应用。燃氢燃机对于减少碳排放和实现碳中和的目标至关重要,这是产业可以发展的一个关键因素。虽然燃氢燃机的发电的市场竞争力目前还有一些问题,但是政策的支持是另一个发展的主要动力,特别是在启动阶段。

1. 发电行业

发电行业的全球脱碳行动可以通过增加风能和太阳能等可再生能源的份额来实现。然而,这些可再生能源提供的电力不稳定,需要其他更为可靠、可调峰和可持续的稳定发电形式来加以平衡。在IEA发布的《氢能的未来》中，国际能源机构描述了氢能在清洁能源转型（包括电力行业）中的巨大潜力。燃氢燃气轮机可以作为未来的碳中和的重要技术之一，对于实现经济脱碳和气候目标方面至关重要。长期而言，燃氢燃气轮机不仅仅可以让电网容纳更多可再生能源，而且可作为基本负荷，实现深度能源生产的清洁和减排，打造发电行业的无碳"基因"。

事实上，燃气轮机已经在当前电力系统中发挥着至关重要的平衡作用。通过将燃气轮机的燃料能力扩展到氢，燃机可以在能源过渡时期以及长期能源战略中发挥主导作用。

（1）在燃机联合循环中，燃气轮机已经是最清洁的火力发电形式。事实上，在发电量相同的情况下，以天然气为燃料的燃气轮机所排放的二氧化碳要比燃煤发电少50%，但是基本没有煤电的硫化物、粉尘和重金属污染。

（2）燃机有燃料弹性方面的有势，可将再生天然气（如绿氢、沼气、合成气）与天然气混合，可进一步减少二氧化碳净排放。掺混方法简单明了，可以通过在天然气网络中直接注入，或在燃机的天然气模块中注入来实现。

（3）国际燃机巨头们预计到2030年前实现燃气轮机完全使用氢气燃料，从而实现燃气发电的100%的碳中和目标。

（4）燃气轮机是调峰的最好手段，它启停灵活、适合频繁启动、能够提供快速响应电网需求，在提高电能质量、保证电网安全的同时能与可再生能源形成互补。

从本质上讲，燃氢燃气轮机可以对风能和太阳能的间歇特性形成补充，弥补了几乎所有的缺点和不足。在这种情况下，用氢能改造现有的燃机电厂，可以被看作是在短时间内能够创造足够的氢供应并建立氢基础设施的有效措施，包括发展储能等。从小型分布式到大型集中式燃气轮机均有较好的应用扩展性，可用来进行适应性生产和本地存储。

总而言之，燃氢燃气轮机可以通过"电转气"技术实现长期的能量储存，彻底改变可再生能源的性质和特征。

现有燃气轮机改造方案的研发将是实施燃氢燃气轮机技术的关键。最开始可以通过对现有燃烧器进行相对较小幅度的改进来实现,使氢气在混燃中有更大占比,如果氢体积比例大于30%,碳减排可达11%。

待燃机领域经验累积后,可进行进一步技术发展,例如新型燃烧室可以实现100%的氢燃烧,而不需要用稀释剂来控制排放。由于燃料中碳含量与体积氢含量的非线性关系,如图7-4所示,尽早使用较高含量的氢,对于最大限度地减少CO_2排放非常重要。

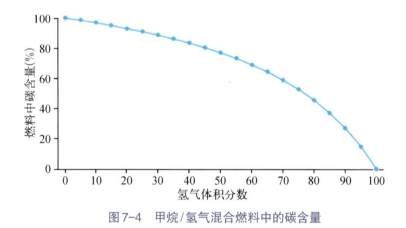

图7-4　甲烷/氢气混合燃料中的碳含量

2. 社区三联供

建筑物的采暖和空调是全球碳排放的大户。燃氢燃机热电联产(CHP)电厂可以利用燃氢燃气轮机产生的余热,不但为社区供电,也可以在冬季集中供暖,夏季提供集中供冷服务(通过吸热式制冷机)。这样可以提高氢气的热效率,预计可在80%以上。另外可以取代高排放、高污染的冬季供暖锅炉,提高能量的利用效率,从而实现大幅度地减少二氧化碳排放。

3. 为深度经济脱碳提供基础

如果大规模地发展氢燃机发电,则可以刺激对大量低纯度氢的商业需求,从而有助于在整个供应链上降低氢的生产、运输和储存的成本,并扩大其在多个领域的使用。通过研发可以让氢气成本进一步降低,政策对燃气轮机研发的资助计划可以为氢经济的发展做出关键贡献。为消除更为广泛地应用氢能解决方案的障碍，也需要行业、研究结构和政府之间的互动和协作。

7.4.2 利用现有的天然气基础设施

燃氢燃气轮机可以灵活使用天然气基础设施来提供燃料。只要稍加改造，氢与天然气的混合物就可以在现有的基础设施内运输，这使得整个系统无须庞大开支即可重复使用。例如，几年前在荷兰阿梅兰岛的一个试点项目中，已经实现向天然气网中注入高达20%的氢气。该经验可以复制到其他地区，通过在氢燃机中燃烧天然气和氢气的混合物，以减少碳排放。然而，建造新的管道基础设施或改造现有基础对于运输纯氢是必要的，但开始在生产阶段燃烧氢将是解决这个问题的首要前提。据国际氢能协会（Hydrogen Council）的评估，大多数现存的天然气输送管道经过改造，可以用来输送相同能量的氢气，改造的费用估计是建造新管线的10%～15%。

7.4.3 改造现有的燃气轮机系统

燃机用来烧氢气发电已经有几十年的历史。在许多石化行业，有时候氢气是工艺过程的副产品，一般的处理方式是与天然气掺混后输送给燃机作发电用途。掺混的比例从百分之几到百分之几十不等。另外煤气化联合循环发电（IGCC）电厂的合成气中也含有大量的氢气，从10%～50%不等。

目前市场上和在运行的燃机电厂都可以使用氢作为燃料。没有必要等到设计和制造全新的燃氢燃气轮机以后再发展氢气的生产和输运系统。现在就可以开足马力，启动绿氢经济时代。对于现有燃机，在改造燃烧室和一些辅助部件后大多数现有的燃氢燃气轮机可实现部分或完全燃烧氢气。这种转换不仅可以避免大量的资本开支，还可以节省将大量现有的燃气轮机替换为燃氢燃气轮机的时间。研发和部署燃氢燃气轮机的另一个主要好处是,现有的燃机设备可以获得新的"生命线"。实际上,许多国家都存在最先进的燃气轮机闲置或未充分利用的情况。保持这些发电厂的运转也将对社会和工业做出重大贡献,因为它们将保留劳动力,不然这些劳动力只能被解雇或转移到其他行业。

7.4.4 氢气燃烧

本节描述主要介绍纯氢和天然气/氢气混合燃烧技术的现状,包括氮气或蒸汽稀释的扩散火焰和贫预混系统。此外,还归纳总结一下国际上关于该课题的研究成果,包括从可行性研究到试点项目的技术准备水平。

1. 氮气、水或蒸汽稀释扩散火焰

具有扩散火焰和氮气或蒸汽稀释的燃烧系统是最为先进的系统,它可以处理高达100%体积的氢气。然而该系统有几个缺点:与没有稀释的系统相比,效率下降;与贫预混技术相比,氮氧化合物水平更高,电厂复杂性更高,因此资本和运营成本更高。对于运行在联合循环或热电联产配置下的大型燃气轮机,蒸汽稀释在减排和设备效率方面比氮稀释表现得更好。

总的来说,应优先选择将燃料与稀释剂预混,因为这样可以在减少排放方面获得更高的效率。但是加稀释剂预混一般会增加系统的复杂程度。

虽然这些系统可以处理不同的燃料,但在大多数情况下,燃机电厂的启动需要使用其他燃料,如柴油或天然气。如果改造原天然气或柴油燃机来燃氢,需要对辅助系统进行重大的硬件改造,以应对燃料体积流量的增加。主流气体的分配也要做相应的调整,喘振裕度问题可以通过改善压气机设计或调整进口空气质量和流量来解决。

2. 贫预混系统

贫预混合燃烧室技术是目前天然气燃烧的主流燃烧技术,它是现代低氮(低氮氧化合物)高效燃机的支撑技术,具有更高的发展潜力。然而,对于实现氢经济而言目前该技术还不够成熟,其在燃烧含氢量很高的燃料,甚至是纯氢和高灵活性的燃料时还有困难。

由于采用了不同的燃烧技术，不同的燃机主机原始制造商的燃气轮机机组中，贫预混燃烧器允许的最大氢浓度存在显著差异。各主机厂商都会仔细评估含氢量高的燃料，并结合每个具体项目的特点，评估贫预混系统的适用性。

目前不同级别的燃气轮机所能承受的燃料氢含量也不同，重型燃气轮机可达30%～50%，工业燃气轮机（IGT）可达50%～70%，微型燃气轮机可达20%。有这些不同的氢含量上限的原因与不同等级的燃烧温度和燃烧技术有关。本书在第7.4.6节中给出了不同原始设备制造商的各个燃气轮机系列的参考值。

一些主机厂提供的燃氢燃气轮机，可以处理氢含量高达30%～60%的燃料。尽管有厂家声称有些型号可以烧纯氢气，然而目前商业上还没有烧纯氢的柔性燃料燃气轮机现场运行的案例，需要额外的研发活动来为这项技术的应用铺平道路。开发能够处理与天然气混合的0～100%氢含量的燃烧系统极具挑战性，但这是未来能很好处理氢燃料供应出现波动时的必要条件。目前欧洲、美国、日本都投入大量研究经费，先后启动了可以烧纯氢气的先进的燃烧技术研发。

3. 氢燃烧的挑战与研究需求

目前的燃气轮机已经可以通过扩散燃烧来燃烧纯氢，但会产生氮氧化合物的高排放。据此，目前的研究和开发集中于干式低氮氧化合物燃烧技术，开发有可能大幅度减少或消除氮氧化合物排放的技术。就热效率和功率输出而言，目前的燃气轮机和燃氢燃气轮机（均采用干式低氮氧化合物技术）之间的差异不大，差别仅是氮氧化合物排放量。当然，如果要保证同等水平的氮氧化合物排放，燃氢燃机的效率和出力都会降低。

在向以氢为基础的能源系统过渡的过程中，需要燃氢燃气轮机具有一定的燃料灵活性来利用氢和其他气体燃料的混合物，如天然气。燃烧室的设计需要适应广泛的天然气/氢气混合物，以及燃料成分的快速变化。

就中期而言，需要开发比现在氢气/天然气混合氢占比更高的燃气轮机。从长远来看，需要燃气轮机提供完整的燃料灵活性（任何混合氢和天然气以及纯氢），它需要集中研发活动为该技术铺平道路。

干式低排放技术有望使燃料在 0～100% 氢条件下实现低排放。然而还需要进一步的努力来制定技术解决方案，以应对与燃料中高氢含量带来的下列挑战：

（1）自燃，点火延迟时间较低时自燃风险较高；

（2）回火，更高的火焰速度或更低的点火延迟时间将导致回火风险；

（3）不同的热声震荡模态和频率；

（4）氮氧化物排放增加；

（5）更低的华白指数带来更高的压降；

（6）减少使用寿命（由于增加了传热，需要更多的热通道部件的冷却）。

在研发方面，需要在实际的条件下进行研究，如预热过的主流空气，高温，高压，燃烧室出口局部温度高，大流量和高雷诺数。低压和缩尺的学术研究能够适应微型燃气轮机应用条件，但对于更大尺寸的燃气轮机燃烧系统来说显然不足，缺少相关性。

与天然气相比，氢的存在极大地改变了"混合氢"的燃烧特性。向天然气中添加氢会增加其燃烧速度，减少其点火延迟时间，并扩大了其可燃的极限。这些特性会影响燃烧稳定性（火焰锚点），但部分负载的性能反而有所改善。同时，增加氢的存在将改变燃烧系统的热声特性，这并不是说热声震荡无法控制，只是要驯服一个新的系统并不容易。掺氢燃烧还会提高局部燃烧温度，如果不采取其他措施，将可能导致燃烧室出口的污染物排放（氮氧化合物）增加。

下面具体地解释一下与燃机贫预混燃氢的技术问题。

1. 自燃

氢气的高反应性必然会增加预混段的自燃风险，这是未来燃烧室发展中需要解决的问题之一。在一些空气入口温度很高的系统中，例如在现代高效燃气轮机或带换热器的微型燃气轮机中,自燃可能是一个技术难题。

为了防止燃烧器和燃料喷嘴的过热或损坏,如果要使用更具活性的燃料,燃烧器通常要安装热电偶或其他保护检测系统。在先进、高效的燃气轮机中,需要越来越复杂的燃烧器设计,如微混燃烧器、多喷嘴燃烧器等,因此需要有保护燃烧器的好方法。

2. 回火

与天然气相比,富氢燃料燃烧的速度更快,点火延迟时间更短,因此必然会增加回火的风险。在一些进气温度很高的系统中,这可能是一个需要关注的问题。

为了防止燃烧器和其他部件在不应该燃烧的地方,例如预混区,因回火引起的火焰,导致硬件过热或损坏,如上所述,必须开发应用于燃气轮机燃烧过程中的检测手段和避免回火的控制方法。

3. 热声学

与天然气燃烧的火焰相比,氢火焰的热声特征明显不同。这是由于较高的燃烧速度,较短的点火延迟时间和不同的燃烧稳定机制导致了不同的火焰形状、位置和反应特性。

因此,与使用天然气相比,使用富氢燃料的现代燃氢燃气轮机的燃烧震荡问题的风险预计会增加。燃烧震荡问题又称作燃烧动力学,是在燃烧室的声频附近或处于声频附近,存在着持续气体的压力波动。这意味着一些预期之外的问题,如燃烧不稳定、回火和贫燃料熄火。这些不仅可能发生在稳定条件下,瞬态运行时也可能更危险,比如当需要快速调整功率,或燃料成分变化时,图7-5展示了这样一个事故例子。

图7-5　由于机器调整不当导致的高频热声不稳定性造成的事故

为了开发稳定的富氢燃烧系统,需要采取各种措施来避免气压的高脉动。此外,氢的湍流火焰速度在燃烧器高压力环境下也相对较快,这一点与天然气不同,这意味着目前基于低压力的一些测试方法需要进行调整,这包括现有的通过测量火焰传递函数预测发动机热声学的方法。

因此,除了要深入了解燃烧动力学的物理学机理外,还需要建立实时可靠的监控系统,使燃烧室更加高效灵活,保证燃气轮机能在氢燃料下正常工作。

4. 更高的燃烧温度,氮氧化合物排放

由于氢和其燃烧产物比重较低(综合质量和热容),如果不采取其他措施,在同等水平的透平点火温度的条件下,和天然气相比,氢的绝热火焰温度更高,这样会导致更高的氮氧化合物排放。为了实现脱碳,未来可能需要在氮氧化物限制方面保持一些灵活性,在未来实现更严格的氮氧化物限制将是一个可预见的挑战。

通常可以调低燃料的流量,减少额定输出功率来降低燃烧温度,但这样会导致燃机效率和功率的下降。

在改造项目中,使用燃烧排放的后处理技术,如脱硝技术,则可以避免这个问题。但代价是比较高的,因为需要改造余热锅炉,这非常困难并且成本高昂。因此,降低燃烧室氮氧化合物排放是首选路径。但在新的燃机电厂的建设时,这应该是一个可以考虑的选择,因为中国目前燃机电厂装备中脱硝系统是常规的选项,对一个40～50万千瓦的机组,其成本也只在数百万到上千万元人民币的成本,相对不高。

5. 华白指数变化

与相同的热力条件下燃烧天然气相比,氢气由于低位热值(LHV)较小,需要更大的燃料体积流量,如图7-6所示。此外,氢具有较低的华白指数,华白指数是衡量燃烧系统中气体燃料可燃性的最常用热力参数。华白指数的意义在于,对于给定的燃料供应和燃烧室条件(温度和压力),以及给定的控制阀位置,两种华白指数相同但成分不同的气体,将给燃烧系统提供相同的能量输入。因此,华白指数变化越大,燃烧系统和相关控制所需的灵活性就越大。

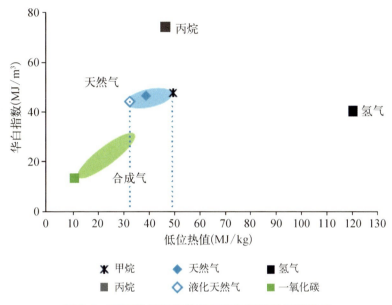

图7-6 不同燃料低位热值与华白指数的函数关系

6. 减少使用寿命和改善热通道部件的冷却

燃烧氢气完全代替天然气会增加烟气中的水分含量,大约增加1.6倍。这使燃气轮机热通道部件的传热系数更高,导致硬件的工作温度上升。这个温度升高也许不大,但现代先进燃机的材料能力都基本上用到了极限,所以,这将需要对冷却部件进行调整,以避免部件过热。对于纯氢燃烧,水在烟气里的摩尔比从10%左右增加到16%左右,这个也有可能在原热障涂层设计的承受范围之内,但需要核实。在此外由于含水率较高,可能更容易发生热腐蚀,因此需要进一步的研究,是否采取一些措施来避免这些影响。

需要说明的是,除了前面提到的现代高效燃机的烧氢的氮氧化合物问题需要相当的研发工作以外,其他的问题多数是常规的工程设计问题,也有相应的手段和工具予以应对,只是需要给予一定的关注。

7.4.5 改造现有的燃机

本节的内容,有些前面也有部分触及,这里系统介绍一下。

目前,燃气轮机的现状给未来的研究提出了方向上的需求,在过渡到含氢燃料时,要解决燃气轮机系统、材料、运行和控制的安全性和经济有效性等问题。

考虑到控制和燃烧系统的设计特点,每台燃机都必须根据氢气掺混的情况进行评估。就一般情况而言,部分需要关注的要点如下:

(1)氢气与天然气的低水平混合,根据系统的不同,至少在10%以下的范围内,不需要任何改变材料、设计、控制和保护。

(2)氢气与天然气中等水平的混合,至少在30%以下的范围内,不需要对材料、设计、控制和保护进行重大改变。这些可以被认定在10%～30%的范围内。

(3)更高的氢含量,这意味着需要进行大范围的改造。考虑到燃料输送、燃烧模块、控制和保护模块的改造。如果进行彻底改造,从经济角度建议氢燃料应该实现性能最大化,达到30%～100%掺氢比例。

从可再生能源制氢工艺的特性来看,也许在一定时期内,燃机运行会在同时使用不同程度的氢燃料,在这种情况下,燃料供应同样需要灵活性。所以说,理想情况下改造后的燃氢燃气轮机将能够在0～100%的氢和天然气混合下运行是经济合理的。

现有的和正在进行的研究工作解决了上述的一些问题——主要是基于一些老旧的燃气轮机型号,它们的效率和点火温度都是在较低水平上。对于先进的燃机型号,在较高的氢燃料水平,问题比较突出,大学实验室里的研究有助于对燃烧过程的基本理解。

1. 一般燃料制备注意事项

在使用氢作为燃料时,输送压力和温度是至关重要的,需要考虑如何避免在管道和其他辅助设备中发生氢脆。

运用天然气的燃气轮机改变为应用氢燃料时，现有的管道和燃气轮机阀门应进行翻新。翻新可能包括新的阀门设计与不同的密封设计以及潜在的新管道材料上的变化。

对于现存的天然气管线，设备的设计使用通常在相当于50 kg压力和100 ℃温度的范围内。所以说，在这些工况下现有的设备可以毫无问题地用来处理氢气。

然而，对于优化联合循环中的发电应用，燃料可能会进行预热以提高发电效率，通常是200 ℃，最高达到320 ℃的温度。加热氢燃料还需要进一步的研究。

不锈钢设备在50 bar和100 ℃的条件下不会发生氢脆，但将温度提高到200 ℃左右可能会导致材料氢脆。事实上氢气在200 ℃以上的温度时，尽管316L级不锈钢被认为非常适合材料选择，氢脆仍是一个需要重视的问题。值得注意的是，氢脆不仅与温度有关，而且与材料所承受的应力有关，这些同时影响氢的渗透。一般来说，低强度、厚壁材料的容器和管道的耐氢脆能力要比高强度的薄壁的材料要好，更适合应用于氢气的存储与运输。

另一个需要考虑的问题是对燃机内氢气的不当清理。所涉及的燃机部件越多，某些时候氢气被留在其中的一些死角的可能性就越高，在进行检查、维护或修理时会导致爆炸风险。在此基础上，应将适当的氢气测量装置视为与燃氢燃气轮机运行时的一部分。此外，还可以考虑采用二氧化碳或氮气的清吹系统来避免安全问题。

由于氢在标准大气温度下的可燃和易爆浓度分别是4%～75%和15%～59%，与甲烷或汽油相比，这个范围大了许多，如何处理氢气成为一个重要的安全问题，将其浓度提高与降低至可燃范围之外是降低风险的关键。要知道这种气体比甲烷轻，可能会在内部高度积累，这种情况在使用天然气时是不会出现的。炼油厂使用专用的气体检测装置来检测氢气。在传统的石化行业，管理氢气安全的知识和经验都比较丰富，可以借鉴。

在国际层面上，还没有发布在燃气轮机中运用氢气的强制标准，然而已有一些可供参考的氢能运用的一般标准，比如ISO/TR 15916-2015《氢系统基本安全要求》，美国能源部科学技术信息办公室技术标准INEEL/EXT-99-00522《作为汽车燃料的氢》和国家消防协会标准NFPA 50A《消费端氢气系统》。可见，使用氢的安全标准和区域分类要求已经存在，这些要求将适用于在氢气工作环境下的燃气轮机。

2. 燃料灵活性

燃料组合（天然气/氢）的变化率将是未来发电厂要满足的一项关键指标，在可预见的未来，这些发电厂将主要由现有已安装的基础设施改造而组成。在目前的技术水平下，高浓度氢燃烧可能仍然将依靠扩散燃烧器来实现的，扩散燃烧器启动后，一旦燃烧室内的流场得到充分的发展，并且当预混合器中的空气速度足以防止回火时，就可以转移到贫预混阶段进行操作。

对于连接到输气网络的燃气轮机来说，不可能控制输送到电厂的燃料的成分。随着时间的推移，引入气网的氢气比例可能会逐渐增加，但预计一些国家和地区会加快氢经济的步伐，直接导致燃料中的氢含量大幅增加。例如在英格兰西北部拟议的HyNet26项目，目前中国有些地方政府也相继出台氢经济的计划。这就要求燃机电厂的营运商提前做好准备，必须设法预测在其每个工厂可能引入氢气的时间表，根据预期的燃料组成范围，对其燃机发电资产进行针对性的修改。

3. 对电厂性能和灵活性的影响

目前进行的研究表明，一个燃机电厂如果需要在高比例燃氢和天然气之间进行频繁切换，而又希望功率输出和效率保持相似，这将为燃烧器的设计增加许多困难。氢的反应活性和更高的燃烧速度迫使新的燃烧和燃料喷嘴采用高速氢燃料的设计。可能存在的问题是，高比例氢燃烧率的电厂也能够在高比例天然气条件下运行。但在天然气运行时，很可能会在排放、发电效率或电力输出功率上做出妥协。

也是因为由于氢的高反应性,燃机在高氢浓度下运行时,低负荷运行时的排放应该会好一些,稳定运行在更低负荷下仍然可满足排放要求,跳机的状况可能会得到改善。由于没有或者天然气比较少,一氧化碳排放同时也会减少。

4. 对热通道部件寿命的影响

对现存的燃机机组进行掺氢燃烧系统的改进时,热通道温度分布可能也会多多少少地发生变化。不同设计的燃烧器所导致的影响会有一些不同,但几乎不可避免的是,原始的热通道部件的温度分布将与它们最初设计时的温度分布不同。

正确的做法是,每个改装方案都应该被认定为是新产品的研发,并对关键的燃机热通道部件进行适当的核算和风险管理。通过必要的试验验证程序来降低风险。要及时对使用过的部件进行检查和分析以确保运行的可靠性。

如果需要用稀释剂、水或蒸汽来控制氮氧化物,通常会让热通道部件的寿命缩短,或导致燃气轮机降负荷运行。

5. 系统改造的需求

改造系统用以燃氢发电,对于小的工业燃机相对简单一些。但对于大型燃机电厂,项目的要求将包括风险缓解方案和完成新产品开发程序。另外,作为项目要求的一部分,要进行可行性研究和立项报批等耗时的管理程序。

但从技术来说,改造方案可能包括下面一些内容:

(1)更换燃气轮机核心的燃烧系统和燃料模块;

(2)仪表和燃料控制系统的改造;

(3)电厂燃料输送系统的改造,包括改进过滤、计量、气体成分监测、安全检测系统(包括感测和通风升级),也许包括露点加热器和性能加热器;

(4)这种改造的经济性很可能是在假定现有热通道部件可重复使用

的基础上的,一般情况下,这个假定没有问题。

7.4.6 燃气轮机燃烧氢气的能力

这一节给出了当前燃气轮机可以燃烧氢气的大概比例。着重介绍每个主机制造商的常规机型的技术特点,也包含了其新机型和新发布的产品信息。

尽管所有燃气轮机制造商都作出了相当大的努力,以更清楚地确定现有燃气轮机产品能达到的燃氢比例,但氢气会引发一些负面效果,例如更高的氮氧化合物排放、热通道部件的寿命降低等。可以采取短期的控制措施的和长期的措施来解决这些问题,如前面所述,要想使燃气轮机采用高氢含量的气态燃料(主要是混合到天然气中的氢)仍有重要工作要做。

从行业经验方面,为燃烧合成气(IGCC)开发的燃气轮机产品积累了高氢含量燃料的主要经验,一般氢气浓度范围在30%～60%之间。氢气取决于所使用的原料和气化技术(其余燃料成分主要是一氧化碳)。为了应对越来越多的氢(从水电解)加入天然气中,需要重新审视和调整合成气的经验。好处是从水电解来的氢,一般比较纯,而煤气化的合成气含有硫等有毒气体,腐蚀性也比较强,所以不是所有的经验都可以照搬,但一般燃烧器的设计是可以借鉴的。因此,大多数燃气轮机设备制造商可以提供专门的燃气轮机产品(最初是为合成气应用开发的),这些产品也可以运用氢气含量较高的天然气和氢混合燃料(约60%的体积,在某些情况下甚至增加了纯氢)。然而,这些燃气轮机机型一般用独特的燃烧技术,如用扩散燃烧器、氮气和/或蒸汽稀释、注水,以应对高活性燃料混合物的挑战,而且通常不允许氮氧化合物排放值超过25 ppm,这与燃烧天然气的燃气轮机的功率输出保证值是相同的。

为了适应氢经济和碳中和的要求,对于先进的重型燃机来说,最终的研发目标是实现低氮氧化物排放(<25 ppm),同时燃料气体混合物中绿氢

的含量增加到100%。工业界到目前为止,现有的天然气燃烧的干式低排放的燃烧技术是研发活动的主线。几乎所有的现代重型燃机厂家都采用干式低排放燃烧系统,有安萨尔多能源、贝克休斯、通用电气、MAN能源解决方案、三菱日立电力系统、西门子、索拉透平。他们成功地试制了领先的燃气轮机产品,并声称他们这些产品能使用的燃气混合物的氢气体积分数可以达到30%,甚至更高(图7-7)。

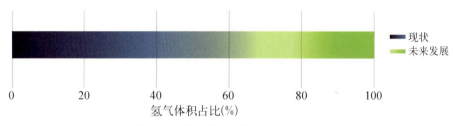

图7-7　燃气轮机产品中氢气的占比

近年来,一些燃烧室的新设计概念,如微混器和两级连续燃烧技术等出现并得到了应用。它们虽然主要用于天然气的燃烧,但这些技术在全尺寸的燃烧试验台上显示出了非常好的燃氢效果。事实上,尽管这些工业巨头们声称他们的新机器可以烧高比例的氢气燃料,但还没有新型号的重型燃机使用大量的氢燃料的案例,一个原因是经济性,另一个原因是目前还没有大规模的氢气供应来源。一般在这些情况下,如果确实需要燃烧氢气,先进的重型燃气轮机都可以进行,但仍然需要通过降低燃烧温度来实现。功率和效率问题,看掺氢的比例,一般效率最多会有3~5个百分点降低,功率的降低要更多一些。

1. 通用电气

通用电气(GE)是世界上风力发电和太阳能发电设备的主要供应商之一,致力于通过可再生能源(包括氢气)实现能源转型,于2030年以前实现公司范围内碳中和。这一承诺包括提供新的以氢为动力的燃气轮机(图7-8),以及为现有发电厂提供改造方案,使其适合使用可再生燃料。

图7-8　通用电气 7HA.03燃气轮机

从经验方面来看，通用电气已经为氢燃料运行提供了超过30年的燃氢燃气轮机。超过75台通用电气的燃气轮机使用含氢燃料，累计工作时间超过500万小时。这些装置的燃料含氢量从5%～100%不等。这种经验的应用范围包括重型和航改型燃气轮机，通用电气的燃气轮机的燃氢能力总结如图7-9所示。

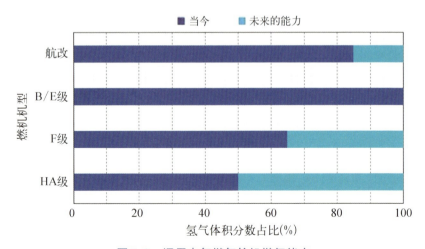

图7-9　通用电气燃气轮机燃氢能力

通用电气为航改型和重型燃气轮机提供扩散、干式低排放和干式低氮氧化合物燃烧系统，为氢和类似的低热值燃料提供一系列选择。这些燃烧系统可用于新机组，也可用于现有燃气轮机的改造，以提高其燃氢能力。

如图7-9所示，随着技术计划的执行，未来的燃氢能力将会增加。这种改进燃氢能力的一个例子是GT13E2（前阿尔斯通型号）。燃烧测试表明，其燃烧室能够在不稀释的情况下使用高达60%的氢/天然混合燃料，并且氮氧化合物排放低于15 ppm。

通用电气最新的燃烧系统（DLN 2.6e）包括一个先进的微预混器。该系统的研发始于2005年美国能源部的高氢燃机项目的一部分。与DLN 2.6+系统不同的是，其混器采用了许多小尺寸的管子，起到了"快速"混合器的作用。这种微型化使如氢一样的具有更高反应活性的气体燃料能够充分预混后燃烧。带有先进预混器的DLN 2.6e燃烧室声称可以在50%的氢和天然气混合物下也能运行，通用电气的工程师们相信这是可以在燃机电厂保证实现的，在现实中并没有发电厂这么运行，主要是没有氢气的供应。但在通用电气实验室单筒全尺寸的燃烧试验中，实现了比50%高很多的掺氢比例。

基于这项技术，通用电气开始了一个旨在开发高氢燃料的项目研制计划，已经制定出来一个超过50%的氢含量技术路线图，有了完全脱碳的设计方案和实现步骤，技术人员相信应该可以在不远的将来（2025年）达到目标。

DLN 2.6e燃烧系统（图7-10）的经验并不局限于实验室。它已经在7HA和9HA燃气轮机上实现满负荷、全转速运行，积累了一定的运行经验。2019年，配备这种燃烧系统的第一台机组发往中国天津的军粮城电厂，该机组于2020年末完成了168小时的试运行考核。

2021年，通用电气与新堡垒能源公司（New Fortress Energy）将在美国俄亥俄州的长岭（Long Ridge）电站，利用附近工业副产品氢和电解水制氢建成掺氢比例在15%～20%的电站，它采用的7HA.02型燃气轮机，功率485 MW，计划在未来10年内过渡至纯氢燃料。

图7-10　通用电气的DLN 2.6e燃烧系统

2. 安萨尔多能源

安萨尔多（Ansaldo）能源公司目前提供的机型与对应氢含量的情况如下：

（1）GT36 H级燃气轮机（图7-11）的天然气中氢气含量可在0～50%的范围；

（2）GT26 F级燃气轮机的天然气中氢气含量为0～30%或0～45%，AE94.3A F级燃气轮机的天然气中氢气含量高达25%。

图7-11　安萨尔多GT36燃气轮机

此外，其服务业务部门还为其他主机厂商的型号提供了以下改造方案：

（1）配备贫预混燃烧器的GE 6B/7E/9E的氢气含量可高达35%；

(2)改进燃烧室火焰筒氢气含量为0～40%(适用于通用电气、西门子、三菱重工的E级和F级燃机)。

具有再热技术的安萨尔多GT26(图7-12a)的优势在于增加了平衡两个燃烧室功率的自由度。第一燃烧器的燃烧温度变化是维持低氮氧化物排放,并抵消燃料反应对下游再热燃烧器自燃延迟时间影响的有效参数。制造厂商对现有的安萨尔多GT26标准预混燃烧器和再热燃烧器进行了大规模的单燃烧器高压测试,燃烧器中含有15%～60%的氢混燃料,并验证了该机器无须改变硬件也没有性能损失可以处理高达的30%氢气,工程师们通过进一步的验证和保守评估,氢气的边界限制应该可以扩展到45%。

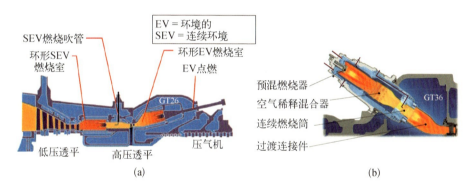

图7-12 安萨尔多GT26/GT36图纸

这种额外的自由度在安萨尔多能源GT36中得到了更大程度的利用。由于这种环形布置没有高压透平分离两个燃烧过程,因此该系统被称为两级顺序燃烧器(CPSC)。在保证一级动叶的进口总温的条件下,当降低两个燃烧过程之间的温度时,不会产生效率或功率损失。目前,GT36可保证用于氢含量高达50%的商业运行,进一步的验证正在进行中,包括全尺寸、高压的测试。在硬件方面,在全尺寸的燃烧试验台上,实现了高达70%的氢燃烧能力,不需要稀释或配备选择性催化还原(SCR)。随着进一步优化,掺氢的比例预计可以进一步扩大。由于两级顺序燃烧器系统是一个恒压燃烧室,若对其他恒压机型进行改造,原则上是可能的。最近,安萨尔多与合作伙伴也在近期宣布了一项关于纯氢燃气轮机燃烧器的合作。

安萨尔多AE94.3A机型在商业发电厂的氢气运行方面获得了广泛的经验，在燃料中使用浓度高达25%的氢气，在不同的两个氢气和天然气混合装置上累积了数十万个小时的操作经验。

改造后的3个9E型燃氢燃气轮机展示了燃烧25%氢气的能力，其中35%氢气在低于9 ppm的氮氧化合物排放下成功运行。在过去2年的商业运营中，燃烧室升级与自动调优（自动调优系统）相结合，在不同的天然气和氢气混合比中表现出了良好的运行性能，能够对于附近石化设施产生的不太稳定的氢气供应灵活的操作，还降低了燃料成本和碳排放。

安萨尔多的子公司PSM专门开发了通用的可以高比例燃氢的燃烧技术，以低排放和高燃料灵活性来改造其他燃机厂家的成熟型号产品，比如用于通用电气的E级和F级燃机，在这些改造的燃机电厂的燃料里氢气占比可高达40%。在燃烧器试验室的试验中，氢气混合比例可达80%。该燃烧技术已经在7台F级通用电气燃机上投入使用。简单改造后，现有的通用电气、西门子、三菱重工的E级和F级燃机都可以实现大比例的氢气燃烧（图7-13）。

图7-13　PSM改造方案中的通用电气、西门子和三菱重工的E级、F级燃机燃烧筒

3. 三菱日立电力

三菱日立电力有3种用于氢能燃气轮机的燃烧技术方案，目标是实燃烧纯氢或高比例掺氢的燃料。

（1）多喷嘴燃烧室。

干式低氮氧化合物多喷嘴燃烧室是一种新开发的烧氢燃烧技术。它以传统的干式低排放燃烧室技术为基础，以防止回火为目的。从压气机供应到燃烧室内部的空气经过旋流器形成旋涡流。燃料从旋流器机翼表面的一个小孔输入，由于旋流效应，燃料与周围空气迅速混合。在天然气中加入30%的氢混合物后，燃烧测试成功进行，与天然气发电厂相比，二氧化碳排放量减少了10%，试验是在其J系列燃气轮机的燃烧条件下进行的。

（2）多筒燃烧室。

能燃氢干式低排放燃烧室需要相对较大的空间用于混合燃料和空气的旋流，增加了回流的风险。因此，混合必须在短时间内和狭窄的空间内进行。

与干式低排放燃烧室的8个供油喷嘴相比，多筒燃烧室是一种很有前途的替代方案。由三菱日立电力设计的混合系统将火焰分散，并以更小的数量和更精细的方式混合燃料。三菱日立电力采用了一种系统，将喷嘴孔做得更小，空气被送入，氢气被吹入以进行混合。有了这样的技术方案，就可以在较小的规模下混合空气和氢气，而不需要使用旋流，这样就可以兼顾高回流阻力和低氮氧化合物燃烧。三菱日立电力通过实验验证了其80%体积氢气的燃烧特性。

（3）扩散燃烧器。

随着能源公司纷纷向氢经济转型，三菱日立电力拥有丰富的氢燃烧经验，可以追溯到近50年前，他们的31个发电厂网络使用的燃料中氢气含量高达90%，并已经通过扩散燃烧器运行了超过300万小时。扩散燃烧室将燃料注入空气中，与预混燃烧方法相比，容易形成燃烧温度较高的区域，增加氮氧化合物的生成量，因此需要喷射蒸汽或水作为减少氮氧化合物排放的措施。另一方面，稳定燃烧范围较宽，燃料性能的允许波动范围也较大。

目前，三菱日立电力正在与Vattenfall、Gasnuie和Equinor合作Vattenfall Magnum无碳天然气发电项目，目标是到2025年将Magnum的3台440 MW联合循环中的1台转化为纯氢燃烧。另外，在美国的犹他州，公司将建一个燃氢的燃机发电站为加州的电网调峰。该项目的特别之处在于利用溶洞来储存氢气,以大规模降低成本。

4. 西门子

西门子燃气轮机,工业发电范围单机高达593 MW。新的西门子燃气轮机可提供不同级别的氢混合能力,取决于燃机类型:

(1)在扩散燃烧模式下,使用水来减少氮氧化合物排放的航改型燃气轮机燃氢率达100%。通过其特有的DLE技术,SGT-A65和SGT-A35可以达到15%的氢燃烧。

(2)配备最新的DLE燃烧器的先进的重型燃气轮机8000H、9000HL等,在燃料中可掺高达30%的氢气。

(3)中型工业燃气轮机(SGT-600~SGT-800),燃料含氢高达60%。

(4)小型工业涡轮机SGT-100和SGT-300燃料含氢高达30%,SGT-400燃料含氢高达10%。选择不含氮氧化物的扩散技术将使掺合料性能提高到65%含氢量。

在现有的燃气轮机中混合氢的具体能力总是因实际情况而定,因为具体安装的硬件和工厂设置可能会根据年代和当地条件而有所不同。为了达到与新设备相同的上述数值,可能需要升级控制系统和硬件,并适用于许多燃机型号。

例如,西门子2000E和4000F燃气轮机的标准升级包"H2DeCarb"可以用于更高的氢气含量。2000E升级后的"H2DeCarb"改装机可以运行高达30%含量的氢气混合物。对于4000F,可以升级到15%氢气含量的混合物。

根据实际的燃气轮机发电设计,工业燃气轮机的标准容量可达10%氢气含量,新机组的标准容量可达15%氢气含量。在现有的场址,需要进行一些分析,以使燃料中氢的比例更高。

今天的工业燃气涡轮机采用了第三代DLE系统,具有很高的燃烧氢气的能力,燃烧氢气的水平高达50%~60%。

西门子积极参与位于法国的国际首例可再生能源制氢的燃氢燃气轮

机示范项目——HYFLEXPOWER，该项目意图打通可再生能源制氢—燃氢发电产业链，为电-氢-电的能源模式作示范运行，计划在2030年重型燃气轮机燃氢能力可达到100%。

5. 结论

国际燃机产家都对燃氢燃机的前途充满信心，作为其技术发展的首要任务。目前在市场上销售的和正在运行的燃机都可以多多少少地使用有氢气掺混的燃料，老的燃机一般可以烧更多比例的氢燃料，先进高效燃机的低碳燃烧器则相对局限，只有小比例的掺氢能力，具体见表7-2。

表7-2 主流厂商代表机型燃氢能力

厂商	代表机型燃氢能力	
	机型	燃氢适应性（%）
通用电气	HA级	0～50
	F级	0～65
	B/E级	0～100
	航改	0～85
西门子	HL级	0～30
	H级	0～30
	F级	0～30
	航改	60
三菱日立电力	F/J级	0～30
	B/D级	0～100
安萨尔多	GT36（H级）	0～50
	GT26（F级）	0～30
贝克休斯	GE10-1	0～100
	NovaLT-16	0～100
曼能源	THM	0～50
索拉	Titan130/Taurus60	0～60
川崎	MIA	0～100

由表7-2可见，只有通用电气的微混燃烧器和安萨尔多GT36的多级燃烧器有相对多一些的氢掺混能力，但基本上国际主流的高效低氮的重型燃机目前都不具备大量氢气的掺混能力。真正高效低氮氧化物排放的氢燃烧技术还有待进一步开发。

一个发展的思路是重新审视燃机的结构，因为现代燃机技术的发展是为烧天然气而设计的，如果烧氢而且氧气的运输也经济可行（电解水制氢，同时也制氧），那么Oxy-combustion燃机技术是一个值得探索的方向。

7.4.7 与燃料电池发电的比较

在氢能的利用方面，燃机发电和燃料电池发电有比选的问题。本书认为氢燃料电池技术将会在可移动车载领域有优势，而燃机将会在大电网发电的应用上有巨大的优势。

对于大电网来说，与燃料电池比较，燃氢燃气轮机发电具有如下优势：

（1）大规模持续稳定地消纳氢能，节约氢运输成本；

（2）可以快速启动氢的应用从而刺激氢能产业规模的高速成长；

（3）兼容不同含氢工质、兼容劣质氢，对氢的纯度要求不高，可以创造机会降低制氢和储氢的成本；

（4）燃机技术成熟、可靠；

（5）燃机有优良电网调峰能力，可以保证高品质电能质量，在大量可再生上网的情况下，燃机发电的调峰能力是必须的；

（6）发电的固定资产投资和运维成本远低于燃料电池；

（7）配套的基础设施完整、成熟，不需要重新建设；

（8）不会颠覆现有大部分电力产业的基础设施，不会造成人员的大规模再就业问题，社会成本低。

由于燃料电池的特点，在微网和社区热电联供的应用领域，燃料电池应该可以有一席之地。

所以在未来氢经济的运行中，可以预期燃机将在大电网发电领域，而燃料电池将在交通领域，以"双驾马车"的形式推动社会向高效、清洁、环保的方向前进。

7.4.8　与传统发电技术的比较

由于传统发电产业的历史悠久，基础设施庞大，从业人员众多。在传统能源产业的认知上，通常的观点是，中国是一个"富煤贫油少气"的国家，所以煤炭产业的发展一直是一个重点。这种情况加大了在中国实现碳中和的难度。如果不颠覆煤炭产业，而又要实现碳中和，一个技术路径就是CCS，即碳捕集和储存。但是，从本书第2章和第3章的分析来看，这个方案基本上在经济可行性和技术可行性方面都存在问题。

具体来说，CCS有如下一些问题：

（1）投资成本大收益低，据估计每捕集1吨二氧化碳需要100美元的成本；世界上最大的碳捕集项目，位于美国得克萨斯的Petro Nova电厂，投资10亿美元，年捕集100万吨二氧化碳，由于经济性能不好，被迫在开工两年后关闭；

（2）技术不成熟，目前还没有证据证明二氧化碳储存在地下后不会泄露，也不知道这些二氧化碳多长时间可以和水化合形成钟乳石永藏地下，CCS的主要用途是EOR，来开采更多的石油，但对碳中和没有什么帮助；

（3）CCS技术复杂、不成熟，捕集系统比发电系统还要庞大，系统的运行需要大量的热能；

（4）燃煤的氧化硫、粉尘和重金属污染严重，影响人民身体健康。

基于以上原因，客观上讲，CCS不会有大的发展空间。

如果不想退役大部分的燃煤电站，另外一个想法是在锅炉里烧氢气然后产生蒸汽发电，这样可以利用现有的发电设备。但是，和燃机发电比较这种技术路线的缺点是效率低于燃机发电。蒸汽发电的效率在40%左右，而燃机联合循环发电有60%的热效率，相差20个百分点，能源浪费了1/3。

7.5 可持续脱碳经济的发展路径

7.5.1 绿能大电网发展路径

通过以上的技术经济分析，可以形成一个合理的脱碳大电网发展路径的初步轮廓：在太阳能和风能丰富的地方，光伏或风力发电的成本非常低，用电解水的方法制备氢气，然后通过管线把氢气压缩后，输送到燃机发电厂用于发电，如图7-14所示。另外，在氢气输运管线的沿途，可以找到合适的溶洞来储存氢气，这样可以解决可再生能源的储能问题。

比如，中国西北、内蒙古和青藏高原等地区丰富的风电和光电可以用来电解水制氢，然后通过西气东输的管道送到内地，燃机电厂使用这种绿氢燃料发电。管道运输的优势是，它不但可以取代能源运输成本较高的超高压直流输电，也提供了方便的储能手段，这就很容易地解决了可再生能源的最主要的问题，即储能。

这个方案不但解决了清洁能源、环境保护和可持续发展的问题，还为我国彻底地解决了能源安全的问题，因为中国的太阳能和风能的资源相对丰富，运输的路线完全在中国境内。这个方案技术上很清晰优越，都是成熟的技术，尽管有很大的提高效率和降低成本的空间，但没有进行重大科学技术上突破的需求，可以很快启动。

如果氢在制取、运输和储存的过程中没有使用化石能源，那么在整个的经济活动的周期里，没有碳元素的参与。所以说，氢能可以实现无碳、无污染、可持续的经济循环，如图7-14所示。

这种氢经济的循环模式又被称为电-氢-电的能源解决方案。在这个循环里，没有二氧化碳的参与，所以是一个脱碳能源生产和使用模式，又因为是用可再生能源作为一次能源，这个模式又是可持续发展的模式。这个模式基本没有排放，所以这个模式是一种清洁的能源模式。

◎ 第 7 章 氢经济动力学

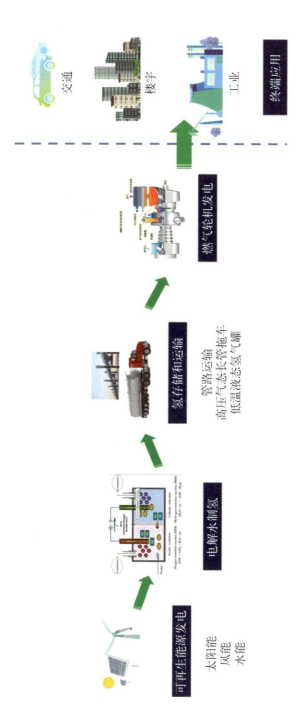

图 7-14 氢经济循环/电-氢-电的能源解决方案

7.5.2 绿色交通发展路径

经济的脱碳必须包括交通行业。在交通行业有两个技术选择：一个是动力电池，另一个是燃料电池。由于燃料电池在补充燃料、续航及能量密度方面的优势，在不久的将来会赶上电池电动车的发展速度。可能在某些领域超过动力电池的应用，例如由于燃料电池在噪声和能量密度方面的优势，可以在水路如海洋运输等方面比动力电池有更大的成长空间。

在地面交通方面，由于氢的小规模输运成本较高，加氢站网点分散，一个可以考虑的选择是用电网的电（可以加上当地太阳能）就地制氢，其成本有一定的优势。在这个方案里，可以考虑应用固体氧化制氢技术（SOEC），因为它效率比较高，又不需要处理废水。当电网的电是氢燃机提供时，它保证了氢的绿色基因。需要关注的是SOEC技术目前还不成熟，要加大研发力度。

从产业启动的角度来说，燃机发电比起燃料电池汽车的启动门槛要低得多。现存的燃机电厂略加改造，就可以大规模地消纳氢气，启动氢经济，迅速增长产业规模。燃料电池汽车产业规模的启动则相对比较困难。

7.6 电-氢-电的市场的切入路径

美中不足的是，电-氢-电的解决方案的市场竞争力就目前的技术水平而言还是有问题的。即便是风电或光电很经济，考虑能量转换的效率，电-氢-电的来回的效率目前在40%以下，再结合运输和储存的成本，其送给用户的电力成本仍然比天然气和煤电要贵2～3倍以上。

解决市场竞争力的问题需要有两个条件：第一，政策支持；第二，产业的规模。这两点是产业发展的动力学问题。根据前面的分析内容，从目前的国际和国内形势来看,这两个因素都在朝着非常有利的方向发展。

在政策支持的层面,中国及国际社会充分地认识到全球气候变暖温度上升的巨大威胁和生存环境不断恶化的社会成本,以及人们对清洁环境的向往和需求。这种需求是很难用金钱衡量的。由于使用化石能源所造成的生存环境的破坏,其经济上的外部成本必须在政策上要加以考虑。

毋庸置疑,国际上的主要工业国家都在政策上大力支持可再生能源的发展。另一方面,通过市场手段,采用抑制化石能源的措施。例如,中国最近也出台了相关政策,开启了碳交易市场,期望通过政策杠杆来平衡市场的力量,向可再生能源倾斜。

随着生活水平的不断提高,人们对清洁环境要求的意愿将会越来越强烈。当气候变化的风险越来越明显,可以预期各国的政策制定者们将因巨大的压力而去采取措施进行经济干预。虽然,目前这种电-氢-电的电力成本还不具备市场竞争力,相信这种局面会很快改善。

另一个关键的因素是产业的规模。规模的成长始于政策支持,得助于资本的投入,然后是技术改善与市场之间的良性循环和互动。产业的规模将是电-氢-电模式市场竞争力最终的驱动力。这一点可以从光伏产业的发展得到启示(详见第7.2节),由于政策的支持、大规模的资本投入和产业规模爆发式的成长,让其成本在过去10年里下降了90%。在电-氢-电的解决方案里,多数设备目前的产生规模还非常小,市场价格非常不合理,可以预期其未来在规模化生产时,降价的空间非常大。

7.7 电-氢-电产业发展的阻力

电-氢-电的方案会转变经济活动中的能源消费形式,并重组能源结构,相当于启动一个新的产业,具有一定的阻力和难度。

7.7.1 产业启动的困难

尽管电-氢-电的能源模式的各个部分使用的都是成熟的技术,但系统地综合示范实施还没有先例。预计实施的技术难度不大,但在投资预算、工程进度、规划实施、质量管理上还没有相关的经验,还属于重大的产业创新和革命。

相关政策的设计不一定完全与产业的发展匹配,也不一定合理,需要一个不断磨合和优化的过程。开启这个产业并推动其发展,存在政府、研发机构和企业互动的要求。最终将是企业来实现能源转型,企业在投资上存在风险,有可能从行业的先驱变成行业的先烈,但是没有行业的先行者,行业的发展和规模无从谈起。

7.7.2 产业转移和人力资源再培训的成本

如果电-氢-电的产业模式顺利开启,如前面的分析,它对传统产业的冲击还是相对小的。但新的产业的开启和增长必将影响其他一些老的产业。这种人力资源的转移和再培训是不可避免的,这将增加一定的社会成本,政策设计上应该加以考虑。

社会的进步、技术的发展一直在推动产业转型,特别是现在信息时代,这种变化越来越快,社会也一直在调整适应这种变化。我们在选择技术路线上应该尽量考虑这个因素,做到对社会冲击的最小化。但我们也应该应该充分理解尽力配合,因为变化是永恒的。

第8章

结束语

起初,我们的地球的颜色更像下面的图片(图8-1),它一点也不像今天的蓝色星球。

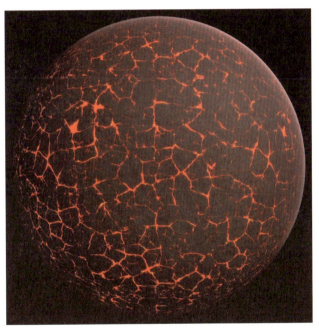

图8-1 地球早期(图片来自互联网)

是生命(微生物)改变了大气,给了我们一个蓝色的星球。随着生命进化成高度智慧的形态,人类,这个星球上的生命,开始通过燃烧从地下挖掘的化石燃料再次改变大气层。但这一次的改变却蕴藏着风险,也可能是为自己的灾难铺了路。

问题是,我们能否避免迫在眉睫的灾难性气候变化?能不能解决全球变暖问题,最终控制自己的命运?我们认为,答案是肯定的,人类社会完全可以解决这个问题,掌握自己的命运。但是,我们也要充分认识到,在改变命运的道路上有许许多多社会的、经济的和技术方面的障碍。通过充分的调查、分析和论证,本书的一个主要结论是我们至少可以尝试这么一个解决问题的路径,就是迅速增长以氢能为载体的可再生能源,加快摆脱化石燃料的步伐。

要启动氢经济,政府的政策和充分合理的激励措施是绝对必要的,但最后,氢经济仍然在根本上是由市场来带动,并通过市场进行良性、健康、迅速的发展。毫无疑问,氢经济在技术上是完全可行的,不需要重大的科学突破。所有需要的技术要么处于商业阶段,要么处于商业试验阶段,完全具备进行大规模实施的条件。然而,它确实需要大规模的基础设施和开发投资,这些需要企业、研发机构和政府的巨大努力才能实现。

企业需要稳定和全面的政策来减低风险。设计合理的政策激励措施应该可以吸引更多投资,加速产业的规模增长,从而创造足够的市场动力推动产业进一步持续快速发展。但是,我们必须要考虑产业转移、资产重组、人员再培训的社会成本,有针对性地调整政策措施,加强社会的保障体系,防止出现社会的不合理、不公平。

但是重塑经济,逆转全球变暖的道路是可以实现的,这个道路的起点是电-氢-电模式的实现。利用氢能是未来的低碳社会和经济发展中的一个重要能源解决方案。氢以它独有的物理和化学特性为人类提供了一个一劳永逸的解决能源问题的途径;为减低全球气候灾难性风险提供了方法;为人类有一个清洁的生存环境提供了可能。

这种能源模式在技术上是合理且较为完美的、经济上是可行的、社会成本上是对传统产业冲击最小的、可控的。在这个能源模式中燃气轮机是其中的核心部分,我们相信,氢能燃机产业的发展是全球在本世纪中叶实现经济脱碳,真正进入氢能社会的关键因素。

最后,本书以下面的4段论作为结束:

(1) 目前绿氢的成本比其他制氢方式高;

(2) 但,制氢的经济性取决于政策支持和产业规模;

(3) 产业规模的成长取决于应用;

(4) 应用的源头一定是发电。

附 录

A1 简化的气候模型

A1.1 历史气候数据

全球二氧化碳排放(数据来自牛津大学的"数据世界"组织)[36]如图A1-1所示。

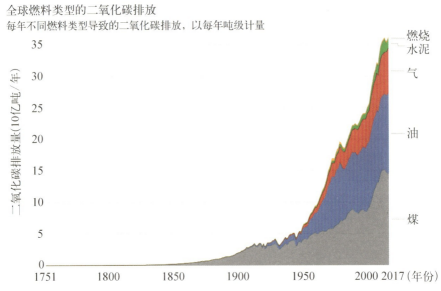

图A1-1 从1800年到2017年全球燃料类型的二氧化碳排放量

资料来源：Global Carbon Project（GCP）；CDIAC

根据世界资源研究院(World Resource Institutes)二氧化碳的排放数据[37],2018年的碳排放量为371亿吨。

全球气温上升如图A1-2所示。

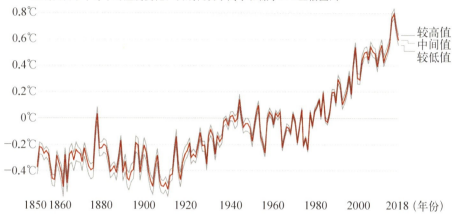

图A1-2　全球平均温度升高

资料来源：Hadley Centre(HadCRUT4)

大气中聚集的二氧化碳浓度(来自NASA的数据[38])如图A1-3所示。

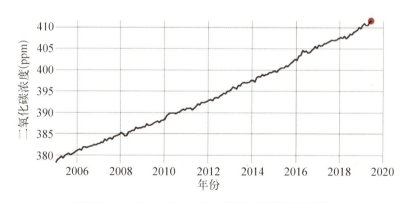

图A1-3　2006—2019年空气中二氧化碳的浓度

数据来源：Monthly measurements(average seasonal cycle removed)

A1.2 气候建模

1. 定义参数
- Q：大气中二氧化碳的总含量（单位：10亿吨）；
- W_0：大气总质量（单位：10亿吨）。W_0 大约是 5.14×10^7 亿吨。

则二氧化碳的浓度 C 为

$$C = \frac{29}{44} \times (Q/W_0) = 0.66 \times (Q/W_0) \quad (A1.1)$$

其中：

C 是空气中二氧化碳的浓度，单位：ppm或摩尔分数。二氧化碳的历史浓度走趋如图A1-3所示。

2. 二氧化碳浓度变化的速率

利用图A1-3中的数据，可以绘制出图A1-4所示的二氧化碳的浓度变化率。对数据进行回归分析，得出以下数学形式的变化率相关关系：

$$\frac{dC}{dt} = 0.027\,8t - 53.815 \quad (A1.2)$$

其中：t 是年份数字。

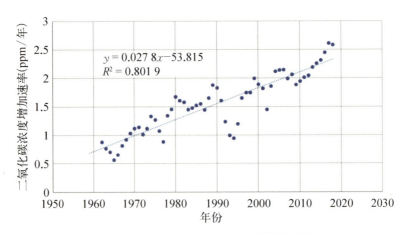

图A1-4　1961—2019年二氧化碳浓度变化率
注：对原始数据进行3年平均值处理以平滑变化

由于二氧化碳排放量的逐年增加,整个趋势是上升的。现在二氧化碳的浓度变化超过2.5 ppm/年,是40年前的2倍多。显然,除非我们在能源使用方面作出巨大的改变,否则这种趋势将会继续下去。

3. 空气中二氧化碳含量的变化速率

$$q(t) = q_e(t) - q_s(C) = dQ/dt \qquad (A1.3)$$

其中:

$q(t)$ 为二氧化碳排放量每年增加量,单位:10亿吨/年。

$q_e(t)$ 为二氧化碳每年排放总量,单位:10亿吨/年。

$q_s(C)$ 是每年二氧化碳流入陆地和海洋的自然吸收量,单位:10亿吨/年。假设它是任意年度中空气中二氧化碳浓度的函数。

4. 海洋和陆地碳的自然吸收速率

如果我们对式(A1.1)求导,合并式(A1.2)和式(A1.3),则

$$q_s(C) = q_e(t) - W_0/0.66 \times (0.027\,8t - 53.815) \qquad (A1.4)$$

结合最近50年的数据,可以绘制出地球碳自然吸收与空气中二氧化碳浓度的关系图,如图A1-5所示。

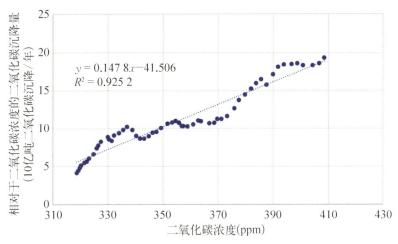

图A1-5　空气中二氧化碳浓度引起的自然碳沉降

根据绘制的曲线图，可以对空气中二氧化碳的自然吸收进行回归分析。

$$Q_s(C) = 0.148\,7C - 41.506 \tag{A1.5}$$

R 均值平方根值高达 0.93，这意味着这两个因素是紧密相关的，这也真实地反映了现实世界里的物理状况。

5. 气候敏感性

根据 IPPC 的报告，全球气温上升与空气中二氧化碳的浓度有关，可以简单地表述为：

$$\Delta T = \Delta T_0 + \sigma \cdot (C - C_0) \tag{A1.6}$$

其中：

ΔT_0 是 C_0 时全球气温上升温度。

σ 为气候敏感性因子，正常值为 0.006 ℃/ppm，上限为 0.007 5 ℃/ppm，下限为 0.004 5 ℃/ppm。

地球是包含巨大质量的系统，当系统达到相对能量平衡时，温室气体捕集的热量需要数年时间才能反射到空气中。因为全球温度在气候系统里存在超出部分，所以方程（A1.6）中增加了 0.2 ℃（基于 IPCC 报告）。

根据政府气候变化委员会（IPCC）的数据，最近测量的全球气温上升幅度在 400 ppm（C_0）为 0.8 ℃（ΔT_0）。方程（A1.6）不包括其他因素的影响，如甲烷（CH_4）和氮氧化物（NO_x），这些元素并不是空气中主要的温室气体。实际上，甲烷仅仅占 1 ppm。甲烷在空气中的生命周期相对较短，通常只有 10 年。最后，不考虑甲烷和氮氧化物的原因是，这两种气体的排放呈现出与二氧化碳类似的趋势。因此，方程（A1.6）很可能已经包含了它们的影响。

当然，空气中最丰富的温室气体是水蒸气，它经常被一些人当作质疑气候科学的理论依据。但水蒸气在空气中的生命周期很短，即使不是几天，也只有数周，这就抵消了它对长期气候的温室效应。它确实影响天气，然而不会影响中长期的气候变化。

A1.3　气候情景与气温上升

1. 对气候变迁不作为

假设不采取任何措施来抑制二氧化碳的排放,二氧化碳的排放每年增长了7亿吨。

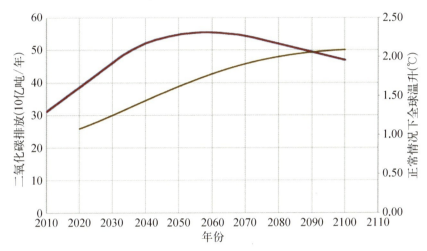

图A1-6　常规情况下全球温度升高(右,黄色)和二氧化碳排放(左,红色)

在这种情况下,全球气温升高将超过2 ℃。注意由于化石燃料(峰值石油)的减少和可再生能源(按目前的预测)的缓慢增长,二氧化碳浓度仍在攀升,甚至在2060年达到峰值。因此,气温还将继续上升直到2100年以后。根据IPCC的预测,2 ℃的气温上升是最坏的情况。这会导致海平面上升超过半米,许多地方出现严重的干旱,极端天气频繁发生,粮食生产受到威胁,等等。然而,真正的危险是目前被困在冰下或地下永久冻土里的甲烷和二氧化碳,它们将由于变暖而被自然释放。这种正反馈将使地球的气候变暖越发失控,超出人类可干预的范围。

2. 从2021年开始每年减少2%的二氧化碳排放

在这个假设下,如图A1-7所示,2050年之后,二氧化碳浓度将开始下降。看起来只是适度减少,但这将是逆转温室气体排放趋势的大事。考虑到目前有20亿人还没有能够得到电力供应,而未来几十年人口还将继续增长,对电力供应的需求毋庸置疑会继续增加。此外,全球温度的升高将增加对夏季空调的需求,从而增加对电力的需求,这反过来又会加重将能源问题的。

从图A1-8可以看出,全球气温升高值将在2040年达到峰值1.3 ℃左右。由于温度升高是滞后于二氧化碳浓度增加的,全球气温升高值将可

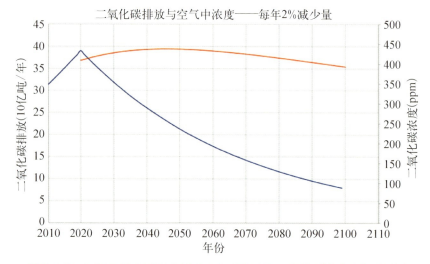

图A1-7　全球二氧化碳排放趋势(左,蓝色)和二氧化碳浓度(右,黄色)

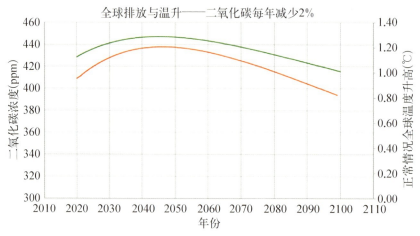

图A1-8　二氧化碳浓度(左,黄色)和全球温升(右,绿色)

能在2050年左右达到峰值1.5 ℃。但在这种情况下，如果我们要把全球气温升高值控制在1.5 ℃以下，这是我们必须做的。即便如此，考虑到模型的不确定性，也不能保证全球气温升高值不超过1.5 ℃，风险很大。

3. 从2020年开始每年减少6.2%的二氧化碳排放

假设我们可以控制二氧化碳以每年减少6.2%的速度排放，应该能够把全球气温升高值控制在1.5 ℃以下，如图A1-9所示。在这种情况下，二氧化碳浓度峰值在2030年左右，全球气温峰值在2040年左右。

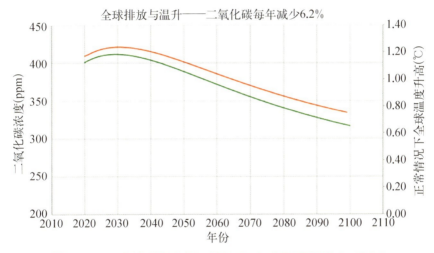

图A1-9　二氧化碳浓度（左，黄色）和全球温度升高（右，绿色）

理论上，这是我们遏制全球变暖最应该做的，但考虑各种因素，它实际上能够发生的概率非常小。尽管我们很希望它发生，但因为实施的困难太大，几乎是不可能实现的目标。

A2　氢能特点

A2.1　氢气相对于天然气（NG）的物理特性

表A2-1列出了与天然气（NG）相比氢气的基本物理特性，这些特性被广泛使用，也是人们容易理解的常识。

表 A2-1　氢气与天然气的物理特性的比较

物理特性＼对象	氢气	和天然气比较
气态时密度	0.089 kg/m³	天然气的 1/10
液态时密度	70.79 kg/m³	天然气的 1/6
沸点	−252.76 ℃	比液化天然气低 90 ℃
单位质量能量（LHV）	120.1 MJ/kg	天然气的 2.6 倍
单位液体体积能量	32.2 MJ/gallon	约是液化天然气的 42%

A2.2　氢的特点和作为能量载体的优越性

氢是宇宙中最多的元素，氢原子的数目比其他所有元素原子的总和约大 100 倍。在周期表里排第一，它的原子量是 1。由于其原子的结构特点，氢是最好的能量载体。在相同质量的情况下，与其他燃料比较，它的热能是天然气的 2.5 倍、汽油的 3 倍。氢气可以作为二次能源，能像天然气一样储存、运输和使用。氢气最吸引人的特点是它的长期储能的能力。如图 A2-1 所示，氢能可以很容易地满足能源数周到数月的储存需求。

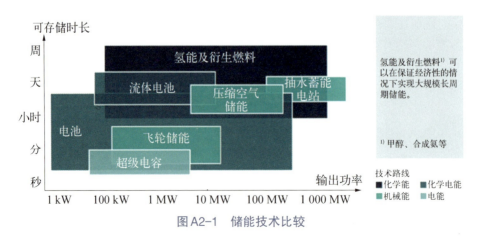

图 A2-1　储能技术比较

氢与其他能量形式的比较见表A2-2。

表A2-2　氢与其他能量形式比较

能量形式	储能密度(Wh/kg)
水电	0.5（假定落差230 m）
锂电池	300
煤	5 000
汽油	12 000
氢	39 200
铀235	22 000 000

A2.3　天然气和氢气在应用上的比较与关联

天然气和氢气在应用上的比较与关联见表A2-3。

表A2-3　天然气和氢气在应用上的比较和关联

比较与关联	氢气	天然气	共同的或易于转化的产品和服务百分比	备注
来源	甲烷、煤、生物量、电+水	采矿（钻探+压裂）、生物、垃圾填埋场	无	生物和垃圾填埋场的气体被称为可再生气体，美国大部分的垃圾填埋气都是收集起来的，注入现有的天然气管道
生产技术	甲烷蒸汽重整（SMR），电解水，生物质分解	二氧化碳和其他气体的脱硫和分离	无	SMR使用天然气，来自天然气的氢气应被视为天然气的衍生物
生产成本	>12美元/MMBtu	0.5～1.5美元/MMBtu	NA	气体在运输前被加压到30 Bar

(续表)

比较与关联	氢 气	天然气	共同的或易于转化的产品和服务百分比	备 注
液化	需要1/3的能量在低于-253 ℃温度下液化	需要小于10%的能量在-162 ℃温度下液化	30	一些液化天然气装备和基础设施可用于氢气液化
液化成本（美元/MMBtu）	5～10	1.5～2	NA	氢气液化的成本同时还取决于电力成本
运输方法	管线，卡车，铁路，轮船	管线，卡车，轮船	75	氢气到天然气管线都需要做一些改良，比如阀件、密封件等，油箱也不相同
运输成本	管线：0.5百万美元/（吉瓦·英里），卡车：4.5美元/MMBtu（<100 mile）	管线：0.45百万美元/（吉瓦·英里），液化天然气油箱：0.5～1.2美元/MMBtu	60	对于长线运输而言管道是最佳方式，短途则是卡车
发电	最佳的用氢能发电技术是燃料电池，燃机同样可以燃烧氢气但不够高效	美国天然气发电的份额比其他能源占比都高	60	燃料电池的成本是燃机的3～5倍
运输应用	氢能汽车的效率是汽油车的两倍，有更高的里程数和更快的充能时间，而且氢燃料比喷气燃料更轻便，在未来有广阔的应用前景	压缩天然气在交通工具应用上较受限，但是在船运方面有一些应用	60	运输是经济的重要组成部分，所以氢气相比天然气将维持大部分基础设施，更容易进行改良，政治阻力更小
炼钢	目前有4万亿吨/年的炼钢量，可再生氢气可以直接利用	没有用甲烷来炼钢的必要	NA	氢气和氧化铁和四氧化三铁反应能还原出氧制出纯铁

（续表）

比较与关联	氢气	天然气	共同的或易于转化的产品和服务百分比	备注
炼制	如果氢气来自电解，可以简单地替换为从蒸汽甲烷重整制氢	通过天然气制氢实现燃料氢化，目前最大的氢气应用	80	目前首要的是减少对化石燃料的需求
建筑供暖	当前的系统需要完成从液化天然气向氢气的改良	天然气广泛应用于建筑供暖	80	锅炉系统的阀门和喷嘴需要更换
施肥	如果氢气来自电解，可以简单地替换为从蒸汽甲烷重整制氢	世界上大部分化肥制作来自天然气	80	制造尿素时，需要二氧化碳；对于可再生肥料，可以制造不需要二氧化碳的氨氮
水泥生产	可再生的氢气和氧气（均来自电解）用于水泥生产的氧燃烧可以提高效率，但成本可能非常高	天然气可以用于水泥生产，但是由于高昂的成本很少使用	NA	对于使用氢气生产水泥而言，由于效率高总能需求较少，来自水泥工艺的二氧化碳很容易被收集
安全性	容易点燃，但非常轻，容易扩散，与其他燃料相比，整体安全系数没有提高。具有成熟的标准和规定长期安全处理氢气，一些专家甚至认为氢燃料汽车比汽油汽车更安全	由于天然气的广泛应用，世界上可能会发生更多的天然气安全事故	NA	封闭区域顶部内的氢气泄漏被认为更危险，而在开放空间，氢气泄漏通常不是问题

A3 中国的可再生能源激励政策（氢能方面）

A3.1 国家层面可再生能源激励政策

2019年开始，国家层面已经开始规划氢能领域内容（表A3-1）。

表A3-1 国家层面可再生能源激励政策

发布时间	政　策	相关摘要/指导思想
2019年1月	柴油货车污染治理攻坚战行动计划	鼓励各地组织开展燃料电池货车示范运营，建设一批加氢示范站。
2019年3月	政府工作报告	推进充电、加氢等设施建设。
2019年3月	关于进一步完善新能源汽车推广应用财政补贴政策的通知	2019年补贴标准在2018年基础上平均退坡50%，到2020年底前退坡到位，燃料电池汽车和新能源公交车补贴政策另行公布。
2019年3月	绿色产业指导目录（2019版）	鼓励发展氢能利用设施建设和运营，燃料电池装备以及在新能源汽车和船舶上的应用。氢能相关： 1　节能环保产业 　　1.4　新能源汽车和绿色船舶制造 　　1.4.2　充电、换电及加氢设施制造 包括分布式交流充电桩、集中式快速充电站、换电设施、站用加氢及储氢设施等设施制造。 3　清洁能源产业 　　3.1　新能源与清洁能源装备制造 　　3.1.10　燃料电池装备制造 包括质子交换膜燃料电池、直接甲醇燃料电池、碱性燃料电池、熔融碳酸燃料电池、磷酸燃料电池、固体氧化物燃料电池等的制造。 　　3.2.9　氢能利用设施建设和运营 氢气安全高效储存、氢能储存与转换、氢燃料电池运行维护、氢燃料汽车、氢燃料电池汽车、氢燃料电池发电、氢掺入天然气管道等设施的建设和运营。

（续表）

发布时间	政策	相关摘要/指导思想
		5 基础设施绿色升级 　　5.2 绿色交通 　　5.2.5 充电、换电、加氢和加气设施建设和运营 　　包括分布式交流充电桩、集中式快速充电站、换电设施、站用加氢及储氢设施、汽车和船舶天然气加注站、城市公共充电设施、城际快速充电网络等建设和运营。
2019年6月	鼓励外商投资产业目录（2019版）	"全国鼓励外商投资产业目录"氢能部分 　　56. 氢燃料生产、储存、运输和液化 　　225. 氢能制备与储运设备及检查系统制造 　　269. 高技术绿色电池制造：动力镍氢电池、燃料电池等 　　350. 加氢站建设、经营 "中西部地区外商投资优势产业目录"氢能和燃料电池部分： 　　湖北省：14. 车用压缩氢气塑料内胆碳纤维全缠绕气瓶
2019年6月	国家能源局印发2019年第3号公告	新能源与可再生能源类提到氢能选题： 《氢能与可再生能源协同发展路径研究》 《氢能产业发展战略研究》 《新能源汽车充电加氢等基础设施中长期发展趋势研究》等
2019年7月	交通运输行业重点节能低碳技术推广目录（2019版）	郑州市公共交通总公司申报一项涉及氢燃料电池项目：《氢燃料电池公交车应用技术》
2019年9月	交通强国建设纲要	通知指出科学规划建设城市停车设施。加强充电基础设施、加氢站等设施建设。全面提升城市交通基础设施智能化水平，推动城市公共交通工具和城市物流配送车辆全部实现电动化、新能源化和清洁化。并要求各地区各部门结合实际认真贯彻落实。这是对两会政府工作报告"推进充电、加氢设施建设"的积极响应。
2019年11月	2020年度能源领域行业标准计划及外文版计划	要求重点围绕梯级利用、储能、氢能、能源互联网、电动汽车充电设施、船舶岸电、分布式能源、节能环保、新型装备、军民融合、农村能源等标准项目进行申报。

(续表)

发布时间	政策	相关摘要/指导思想
2019年11月	关于推动先进制造业和现代服务业深度融合发展的实施意见	发展分布式储能服务、实现储能设施混合配置、高效管理、友好并网。推动氢能产业创新、集聚发展,完善氢能制备、储运、加注等设施和服务。
2019年11月	产业结构调整指导目录(2019年本)	大中型水力发电及抽水蓄能电站、分布式供电及并网(含微电网)技术推广应用、大容量电能储存技术开发与运用、电动汽车充电设施、分布式能源、智慧能源系统、氢能、风电与光伏发电互补系统技术开发与应用、高效制氢、运氢及高密度储氢技术开发应用及设备制造,加氢站及车用清洁替代燃料加注站等储能、氢能相关领域入选鼓励类项目。
2019年12月	国家能源局科技司关于能源技术装备创新支撑能源革命和绿色发展研究等四项课题承担单位公开征集公告	氢能产业发展及其技术装备创新支撑研究方面,主要内容:提出我国2025年、2035年和2050年氢能领域技术装备发展分阶段目标,以及在制氢、储氢、运氢、用氢、氢安全方面的重点任务,有针对性地给出战略保障措施和近期政策建议。
2019年12月	《新能源汽车产业发展规划(2021—2035年)》征求意见	形成三纵三横的研发布局,以纯电动汽车、插电式混合动力汽车、燃料电池汽车为"三纵",以电力电池与管理系统、驱动电机与电力电子、网联化与智能化技术为"三横"。
2020年3月	科技部发布《国家重点研发计划"制造基础技术与关键部件"等重点专项2020年度项目申报指南》	"可再生能源与氢能技术"重点专项2020年度项目申报指南中,涉及申报氢能重点专项有:车用耐高温低湿质子膜及成膜聚合物批量制备技术;碱性离子交换膜制备技术及应用;扩散层用炭纸批量制备及技术应用;车用燃料电池催化剂批量制备技术;质子交换膜燃料电池极板专用基材开发;车用燃料电池堆及空压机的材料与部件耐久性测试技术与规范;公路运输用高压、大容量管束集装箱氢气储存技术;液氢制取、储运与加注关键装备及安全性研究;醇类重整制氢及冷热电联供的燃料电池系统集成技术。

(续表)

发布时间	政策	相关摘要/指导思想
2020年3月	国家发改委、司法部联合印发《关于加快建立绿色生产和消费法规政策体系的意见》	在9大方面提出了27项重点任务,其中包括"研究制定氢能、海洋能等新能源发展的标准规范和支持政策(2021年完成)"。
2020年4月	工信部发布《2020年新能源汽车标准化工作要点》	推动电动汽车整车、燃料电池、动力电池、充换电领域相关重点标准研制,持续优化标准体系,加快重点标准研制,发挥标准对技术创新和产业升级的引领作用。
2020年4月	国家财政部等4部委联合发布《关于完善新能源汽车推广应用财政补贴政策的通知》	将当前对燃料电池汽车的购置补贴,调整为选择有基础、有积极性、有特色的城市或区域,重点围绕关键零部件的技术攻关和产业化应用开展示范,中央财政将采取"以奖代补"方式对示范城市给予奖励。争取通过4年左右时间,建立氢能和燃料电池汽车产业链,关键核心技术取得突破,形成布局合理、协同发展的良好局面。
2020年6月	国家发改委《关于2019年国民经济和社会发展计划执行情况与2020年国民经济和社会发展计划草案的报告》	报告在2020年经济社会发展总体要求、主要目标和政策取向的部分指出,制定国家氢能产业发展战略规划,并支持新能源汽车、储能产业发展,推动智能汽车创新发展战略实施。
2020年6月	国家能源局印发《2020年能源工作指导意见》	将推动储能、氢能技术进步与产业发展,研究实施促进储能技术与产业发展的政策,开展储能示范项目征集与评选,制定实施氢能产业发展规划,组织开展关键技术装备攻关,积极推动应用示范。

（续表）

发布时间	政策	相关摘要/指导思想
2021年2月	国务院关于加快建立健全绿色低碳循环发展经济体系的指导意见	（十五）推动能源体系绿色低碳转型。坚持节能优先，完善能源消费总量和强度双控制度。提升可再生能源利用比例，大力推动风电、光伏发电发展，因地制宜发展水能、地热能、海洋能、氢能、生物质能、光热发电。加快大容量储能技术研发推广，提升电网汇集和外送能力。增加农村清洁能源供应，推动农村发展生物质能。促进燃煤清洁高效开发转化利用，继续提升大容量、高参数、低污染煤电机组占煤电装机比例。在北方地区县城积极发展清洁热电联产集中供暖，稳步推进生物质耦合供热。严控新增煤电装机容量。提高能源输配效率。实施城乡配电网建设和智能升级计划，推进农村电网升级改造。加快天然气基础设施建设和互联互通。开展二氧化碳捕集、利用和封存试验示范。 （十七）提升交通基础设施绿色发展水平。将生态环保理念贯穿交通基础设施规划、建设、运营和维护全过程，集约利用土地等资源，合理避让具有重要生态功能的国土空间，积极打造绿色公路、绿色铁路、绿色航道、绿色港口、绿色空港。加强新能源汽车充换电、加氢等配套基础设施建设。积极推广应用温拌沥青、智能通风、辅助动力替代和节能灯具、隔声屏障等节能环保先进技术和产品。加大工程建设中废弃资源综合利用力度，推动废旧路面、沥青、疏浚土等材料以及建筑垃圾的资源化利用。 （十九）鼓励绿色低碳技术研发。实施绿色技术创新攻关行动，围绕节能环保、清洁生产、清洁能源等领域布局一批前瞻性、战略性、颠覆性科技攻关项目。培育建设一批绿色技术国家技术创新中心、国家科技资源共享服务平台等创新基地平台。强化企业创新主体地位，支持企业整合高校、科研院所、产业园区等力量建立市场化运行的绿色技术创新联合体，鼓励企业牵头或参与财政资金支持的绿色技术研发项目、市场导向明确的绿色技术创新项目。

A3.2 省市级氢能领域相关政策

浙江、广东、山东三个省在1月份率先发布氢能领域的相关政策。值得一提的是,上海作为一个对氢能发展相当重视的直辖市,还发布了加氢站临时经营许可管理办法,解决建站难的部分问题(表A3-2)。

表A3-2 省市级氢能领域相关政策

省市	发布时间	政 策	相关摘要/指导思想
浙江	2019年1月	浙江省汽车产业高质量发展行动计划(2019—2022年)	加快培育燃料电池汽车产业链,支持燃料电池电堆等关键核心技术攻关,鼓励有能力的企业加快研制燃料电池电车,鼓励嘉兴利用石化装置副产氢气等资源,加快建设加氢站试点,成熟后向全省逐步推广。
广东	2019年1月	广东省打赢蓝天保卫战实施方案(2018—2020年)	加快新能源汽车推广应用,2018年起,各地级以上市每年更新或新增公交车全面使用电动汽车(含氢燃料电池汽车,下同),其中,纯电动车型占比超过85%。
广东	2019年2月	广东省发展改革委关于进一步明确我省优先发展产业的通知	在绿色低碳方面将包含纯电动汽车、固态电池、空气电池、钠硫电池等新体系动力电池研发与制造,燃料电池、氢能设备及其关键零部件制造等。
山东	2019年1月	山东省装备制造业转型升级实施方案	《方案》中提到,加快发展无油静音高压节能型天然气/氢气压缩机、锂离子电池、氢燃料电池等新型动力装备。
山东	2019年8月	大力拓展消费市场加快塑造内需驱动型经济新优势的意见	在巩固提升住房、汽车传统消费一项当中提出鼓励有条件的市开展燃料电池汽车示范运行,配套建设加氢站。
山东	2020年1月	关于加快胶东经济圈一体化发展的指导意见	在基础设施互联互通部分提出要统筹加氢站布局建设,建设胶东氢能源示范推广区。

（续表）

省市	发布时间	政策	相关摘要/指导思想
海南	2019年3月	海南省清洁能源汽车发展规划	重点任务中涉及：部署燃料电池汽车综合应用生态建设，超前部署省内燃料电池汽车发展，面向氢能的全生命周期应用，引导建设商业化运营综合示范区，推动省内氢能产业发展。 氢能源科学有序供给布局，加快研究海南省燃料电池汽车产业发展方案，在具备基础条件的海口、三亚等周边区域，开展氢能应用示范园区建设，配合氢燃料电池汽车的示范运营和超前规划市场化应用。省内积极探索氢能由危化品转为能源管理的科学路径，加快推进绿色能源革命，强化智慧能源技术创新，在天然气、光伏、核能等能源制氢领域，加大力度支持研发和产业化应用，提前布局氢能产业和加注基础设施建设。
山西	2019年4月	山西省新能源汽车产业2019年行动计划	依托太原市、大同市、长治市等城市现有氢燃料电池汽车相关产业开展试点示范，借鉴上海、广东、武汉等省市推广经验，研究制定氢燃料电池汽车有关财政补贴扶持政策，对加氢站、氢燃料加注进行适度补贴。
山西	2019年10月	关于印发山西省企业技术创新发展三年行动计划的通知	大力推动氢能技术等新能源技术实现突破； 重点推动氢燃料电池等100个高技术水平、高产出效益的技术改造标杆项目实施，加快创新成果产业化，形成新的经济增长点； 制定山西省关于加快氢燃料电池汽车产业发展的实施意见，推进加氢站、氢燃料电池、氢燃料电池汽车同步发展，推动氢能生产、利用示范基地建设，打造中国"氢谷"，到2021年，在前沿新兴产业布局一批创新平台，力争在多个城市开展氢能试点示范。

（续表）

省市	发布时间	政　策	相关摘要/指导思想
河南	2019年5月	河南省加快新能源汽车推广应用若干政策	鼓励燃料电池汽车发展，扩大氢燃料电池汽车市场应用范围，实施新能源汽车配套设施建设奖励（对燃料电池加氢站省财政按照主要设备投资总额的30%给予奖励）。
四川	2019年5月	四川省打好柴油货车污染治理攻坚战实施方案（征求意见稿）	鼓励开展燃料电池货车示范运营，建设加氢示范站。制定完善承担物流配送的城市新能源车辆便利同行政策。
四川	2019年7月	关于落实精准电价政策支持特色产业发展有关事项的通知	对符合国家产业政策、环保政策和节能减排政策的电解铝、多晶硅、大数据、新型电池、点解氢等纳入精准电价政策支持范围。 新型电池、大数据及电解氢以2017年用电量为基数，2018年1月1日起的增量用电量输配电价执行单一制0.105元/千瓦时。
江苏	2019年8月	关于印发关于促进新能源汽车产业高质量发展的意见的通知	加快布局燃料电池汽车产业，支持燃料电池研究成果的工程化和产业化，促进催化剂、质子交换膜等关键材料、先进储氢运氢等制造设备的国产化。支持南京、无锡、苏州、南通、盐城等地开展氢燃料电池汽车试点示范运营，加快加氢站等基础设施建设，以示范应用促产业发展。
北京	2019年6月	关于调整《北京市推广应用新能源汽车管理办法》相关内容的通知	燃料电池汽车按照中央与地方1∶0.5比例安排市级财政补助，如中央政策调整，本市相应政策按照中央政策另行制定。
上海	2019年7月	上海市汽车加氢站临时经营许可暂行管理办法（征求意见稿）	包括上海市区域内汽车加氢站经营许可的申请、受理、审查批准、证件核发，以及相关监督管理等细节。

(续表)

省市	发布时间	政策	相关摘要/指导思想
重庆	2019年7月	关于印发重庆市2019年度新能源汽车推广应用财政补贴政策的通知	（一）购置补贴标准，2019年1月1日至2019年3月25期间，在重庆市购买、上牌并使用的新能源汽车按照2018年市级补贴标准执行。2019年3月26日至2019年6月25日为过渡期。过渡期间销售上牌的燃料电池汽车按照2018年对应标准的0.8倍执行。 （四）加氢站建设补贴标准，按照日加氢能力分档给予补贴。对日加氢能力达到500公斤及以上的固定加氢站，一次性给予200万元的补贴；对日加氢能力达到350公斤不到500公斤的固定式加氢站，一次性给予100万元补贴；对日加氢能力不低于300公斤的撬装式加氢站，一次性给予100万元补贴。区县（自治县）安排有配套补贴，市级和区县（自治县）两级财政的补贴累加之和不得超过相应加氢站标准造价的50%。
上海	2020年5月	中国（上海）自由贸易试验区临港新片区综合能源建设三年行动计划（2020—2022年）	到2022年，上海市临港新片区将实现先行启动区发展较成熟地块供电可靠率99.999%以上；建成6座现代化能源补给站，打造油气、油氢或油电合建示范项目；开发条件较好的光伏和风电项目，启动氢能、分布式能源、多能互补等新兴能源技术的示范项目建设。根据计划，到2022年，临港新片区将建成1座220千伏变电站，完成2座220千伏变电站扩建和改造，完成临港重型燃机电厂和奉贤海上风电场的并网接入；继续构建110千伏双侧电源链式目标网架、完善35千伏双侧电源辐射接线，启动10座110千伏变电站的基建前期工作，进一步提升配电网供电能力和供电可靠性。临港新片区还将对先行启动区发展较成熟地块10千伏电网进行"钻石型"配电网结构改造，构建以开关站为核心的双环网结构，供电可靠率达到99.999%以上。

（续表）

省市	发布时间	政　策	相关摘要/指导思想
上海	2020年5月	上海市推进新型基础设施建设行动方案（2020—2022年）	与氢能产业相关的领域主要集中在产线无人化、重大实验室、20座加氢站、智能网联物流车上路。
成都	2020年8月	关于促进氢能产业高质量发展的若干意见	立足成都氢能产业薄弱环节和亟待扶持领域提出22条扶持政策，自8月10日起实施。该意见中最大亮点就是，针对氢气储存、运输成本高昂问题，成都计划根据设备投资和运输量，分别给予氢气储存、运输企业最高500万元和150万元补贴。
广州	2020年6月	广州市氢能产业发展规划（2019—2030年）	明确将广州建成我国南部地区氢能枢纽，构建氢能全产业链，成为大湾区氢能研发设计中心、装备制造中心、检验检测中心、市场运营中心和国际交流中心。到2022年，完成氢能产业链关键企业布局，环卫领域新增、更换车辆中燃料电池汽车占比不低于10％；燃料电池乘用车在公务用车、出租车、共享租赁等领域示范应用达到百辆级规模，实现产值200亿元以上；到2030年，建成集制取、储运、交易、应用一体化的氢能产业体系，实现产值2 000亿元。
山东	2020年6月	山东省氢能产业中长期发展规划（2020—2030年）	以2019年为基准年，规划期限为2020—2030年，内容主要包括发展环境、总体要求、发展路径与空间布局、重点发展任务、保障措施和环境影响评价等6个部分。
北京	2020年5月	北京市加快新型基础设施建设行动方案（2020—2022年）	推进人、车、桩、网协调发展，制定充电桩优化布局方案，增加老旧小区、交通枢纽等区域充电桩建设数量。到2022年新建不少于5万个电动汽车充电桩，建设100个左右换电站。而在氢能领域，要探索推进氢燃料电池绿色先进技术在特定边缘数据中心试点应用，组建1～2家国家级制造业创新中心；打造国内领先的氢燃料电池汽车产业试点示范城市。

A4 缩略语

AC	交变电流
ASU	空气分离装置
AEC	碱性电解水技术
BECCS	生物能源碳捕集和储存
BEVs	纯电动汽车
BOP	电厂辅助设备
℃	摄氏度（度）
CARB	加利福尼亚空气资源委员会
Capex	资本支出
CCS	碳捕集与储存
CH_4	甲烷
CI	单位能量生产的碳排放量
CO	一氧化碳
CO_2	二氧化碳
CTQ	关键质量特性
DAC	空气直接捕集
DOE	能源部
EER	能源经济性能比
EOR	强化石油开采技术
ESA	电振荡吸收
EV	电动交通工具
FCEV（s）	燃料电池电动交通工具
FTP	费-托法
GDP	国民生产总值

GHG	温室气体
GW	吉瓦
H_2	氢气
HHV	高热值
H_2O	水
HRSG	余热锅炉
IEA	国际能源署
IPCC	政府气候变化委员会
kg	千克
kJ	千焦
kt	千吨
kWh	千瓦时
LCA	全生命周期分析
LCFS	低碳燃料标准，加州政府对清洁燃料的补贴
LCOM	里程杠杆成本
LCOE	杠杆电力成本
LEL	爆炸下限
LHV	低热值
LNG	液化天然气
LOHC	液体有机氢载体储氢
MJ	兆焦
MOF	金属有机骨架
MMBtu	百万Btu，能量单位，1 MMBtu≈1 055 MJ
MWh	兆瓦时
N_2	氮气
NG	天然气
NH_3	氨

NO_x	氮氧化合物
O&M	运行与维护（运维）
Opex	营运支出
Oxy-SMR	纯氧蒸汽甲烷重整
PEMEC	质子交换膜电解水技术
PHA	聚羟基烷酸酯（一种高性能生物降解塑料）
PPA	电力收购合约
ppm	百万分率
PSA	变压吸附技术
PTC	美国联邦政府对可再生能源发电的生产性税收抵免补贴
PV	光电池
R&D	研究与开发（研发）
RFS	可再生燃料标准
RIN	可再生燃料标识号，美国联邦政府对生物质燃料补贴
RVO	可续期债务
SMR	蒸汽甲烷重整
SOEC	固体氧化物电解水技术
SSAS	固态氨合成
TSA	变温吸收
UEL	爆炸上限
UHVDC	特高压直流电

参考文献

［1］The Future of Hydrogen. 国际能源署（IEA）,2019.6.

https://www.iea.org/publications/reports/thefutureofhydrogen/

［2］CARB amends Low Carbon Fuel Standard for wider impact.Califonia State Portal, 2018.9.

https://ww2.arb.ca.gov/news/carb-amends-low-carbon-fuel-standard-wider-impact

［3］Zhang H. The Way to Transform Economy and Reverse Climate Change［M］. 2020.

https://www.amazon.com/-/zh/dp/B084DB38CJ/ref=sr_1_1?dchild=1&qid=1614216374&refinements=p_27％3ASyrinx+Lotus&s=digital-text&sr=1-1&text=Syrinx+Lotus

［4］Fritz Haber：A case study in the politics of science.

http://www.digipac.ca/chemical/mtom/contents/chapter3/fritzhaber.htm

［5］Making Hydrogen（and Carbon）By Cracking Methane in Molten Metal.Gerald Ondrey, 2016.1.

https://www.chemengonline.com/making-hydrogen-carbon-cracking-methane-molten-metal/

［6］Moshrefi M M, Rashidi F. Hydrogen Production from Methane Decomposition in Cold Plasma Reactor with Rotating Electrodes［J］. Plasma Chemistry & Plasma Processing, 2018.

https://link.springer.com/article/10.1007/s11090-018-9875-5

[7] B O S A, A A G, B I S, et al. Future cost and performance of water electrolysis: An expert elicitation study[J]. International Journal of Hydrogen Energy, 2017, 42(52): 30470−30492.

https://www.sciencedirect.com/science/article/pii/S0360319917339435

[8] Takaya O, Mizutomo T, Yuya K. Analysis of Trends and Emerging Technologies in Water Electrolysis Research Based on a Computational Method: A Comparison with Fuel Cell Research[J]. Sustainability, 2018, 10（2）: 478.

https://www.readcube.com/articles/10.3390/su10020478

[9] Central Versus Distributed Hydrogen Production.

https://www.energy.gov/eere/fuelcells/central-versus-distributed-hydrogen-production

[10] Research Group of Daniel G. Nocera.

http://nocera.harvard.edu/Home

[11] Lewis Research Group.

http://nsl.caltech.edu/home/

[12] Dimension Renewable Energy.

https://dimension-energy.com/

[13] Hydrogen Storage Cost Analysis. Brian D. James, Jennie M. Moton, Whitney G. Colella. 2013.5.

https://www.hydrogen.energy.gov/pdfs/review13/st100_james_2013_o.pdf

[14] Ahluwalia R K, Papadias D D, Peng J-K, Roh H S. System Level Analisis of Hydrogen Storage Options.

https://www.hydrogen.energy.gov/pdfs/review19/st001_ahluwalia_2019_o.pdf

[15] Floreon Company.

http://floreon.com/uploads/generic/Floreon_NEW_A4_Brochure.pdf

［16］ Newlight Company.

https: //www.newlight.com/

［17］ Ecology Pollution And Environmental Science: Open Access.

http: //hendun.org/journals/EEO/PDF/EEO-18-1-104.pdf

［18］ Top Bioplastics Producers.

https: //bioplasticsnews.com/top-bioplastics-producers/

［19］ Summary for Policymakers.IPCC,2019.

https: //www.ipcc.ch/site/assets/uploads/sites/4/2019/12/02_Summary-for Policymakers_SPM.pdf

［20］ Opus 12 Company.

https: //www.opus-12.com/

［21］ Dioxide Materials Company.

https: //dioxidematerials.com/

［22］ Oshima K, Shinagawa T, Nogami Y, et al. Low temperature catalytic reverse water gas shift reaction assisted by an electric field［J］. Catalysis Today, 2014, 232: 27-32.

https: //www.sciencedirect.com/science/article/pii/S0920586113006408

［23］ Webinar: Using CO_2 to boost methanol production.

https: //video.topsoe.com/webinar-using-co2-to-boost-methanol-production

［24］ 国内10个城市试点甲醇汽车,32款车型公布.2019.4.

http: //news.bitauto.com/hao/wenzhang/1192260

［25］ Fungmin L, Martin M E, Tappel R C, et al. Gas Fermentation — A Flexible Platform for Commercial Scale Production of Low-Carbon-Fuels and Chemicals from Waste and Renewable Feedstocks［J］. Frontiers in Microbiology, 2016, 7.

https: //www.frontiersin.org/articles/10.3389/fmicb.2016.00694/full

［26］ LanzaTech company.

　　　https://www.lanzatech.com/

［27］ Coskata Inc（Synata Bio）company.

　　　https://www.truenorthvp.com/company/synata-bio/

［28］ White dog lab company.

　　　https://www.whitedoglabs.com/

［29］ Ammonia plant revamp to decarbonize: Yara Pilbara,2019.2.

　　　https://ammoniaindustry.com/ammonia-plant-revamp-to-decarbonize-yara-pilbara/

［30］ Solidiatech company.

　　　https://solidiatech.com/mission/technology/

［31］ Carboncure company.

　　　https://www.carboncure.com/

［32］ World's first zero-emission cement plant takes shape in Norway.

　　　https://www.euractiv.com/section/energy/news/worlds-first-zero-emission-cement-plant-takes-shape-in-norway/

［33］ merica's Cement Manufactures.

　　　https://www.cement.org/learn/concrete-technology/concrete-design-production

［34］ PV Status Report 2019, Jäger-Waldau, A.

　　　https://ec.europa.eu/jrc/sites/jrcsh/files/kjna29938enn_1.pdf

［35］ Photovoltaic（PV）Pricing Trends: Historical, Recent, and Near-Term Projections,2012.11.

　　　https://www.nrel.gov/docs/fy13osti/56776.pdf

［36］ CO_2 and Greenhouse Gas Emissions. Hannah Ritchie and Max Roser, 2017.5.

　　　https://ourworldindata.org/co2-and-other-greenhouse-gas-emissions#

greenhouse-gas-emission-sources

[37] New Global CO_2 Emissions Numbers Are In. They're Not Good.Kelly Levin,2018.12.

https: //www.wri.org/blog/2018/12/new-global-co2-emissions-numbers-are-they-re-not-good

[38] NASA CO_2 历史数据.

https: //climate.nasa.gov/vital-signs/carbon-dioxide/